庭でも鉢でも育てられる

果樹の育て方

三輪正幸 著

植えつけから毎年の管理作業まで
失敗しない果樹栽培の決定版！

新星出版社

CONTENTS

栽培カレンダー一覧…4

本書の使い方…6

| Part1 | 果樹栽培の基本

果樹の選び方（庭植え・鉢植え共通）……8

苗木の選び方（庭植え・鉢植え共通）… 10

土づくりの基本（庭植え）…………… 11

植えつけ・植え替えの基本
（庭植え・鉢植え共通）……………… 12

樹形と仕立て方（庭植え・鉢植え共通） 16

生育サイクルと栽培の流れ
（庭植え・鉢植え共通）……………… 19

作業のポイント（庭植え・鉢植え共通）

　　芽かき・枝の間引き／摘心 ………… 20

　　誘引／捻枝……………………… 21

　　摘蕾・摘花……………………… 22

　　人工授粉………………………… 23

　　摘果……………………………… 24

　　袋がけ／収穫…………………… 25

剪定のポイント（庭植え・鉢植え共通）… 26

肥料（庭植え・鉢植え共通）………… 32

水やり（庭植え・鉢植え共通）……… 34

鉢の置き場（鉢植え）………… 35

病害虫の予防と対策
（庭植え・鉢植え共通）……………… 36

必要な道具（庭植え・鉢植え共通）…… 40

Part2 | 果樹の育て方

アーモンド	42
イチジク	48
ウメ	56
オリーブ	64
カキ	70
柑橘類	78
キウイフルーツ	86
グミ	94
クリ	100
サクランボ	106
スグリ・フサスグリ	114
スモモ（プラム・プルーン）	120
ナシ（ニホンナシ・セイヨウナシ）	126
パッションフルーツ	134
ビワ	142
フェイジョア	150
ブドウ	158
ブルーベリー	168
ポポー	176
モモ・ネクタリン	182
ラズベリー・ブラックベリー	190
リンゴ	196
果樹用語集	204

Staff

デザイン・DTP：セルト（平野晶、山口武彦）
撮　　影：田中つとむ、三輪正幸
写真協力：三輪正幸、千葉大学環境健康フィールド科学センター
イラスト：坂川由美香
校　　正：みね工房
編集制作：株式会社童夢

栽培カレンダー一覧

本書で紹介している栽培カレンダー一覧です。これから果樹を選ぶ方は、作業内容・作業時期の参考になさってください。各管理の数字は作業の順番です。

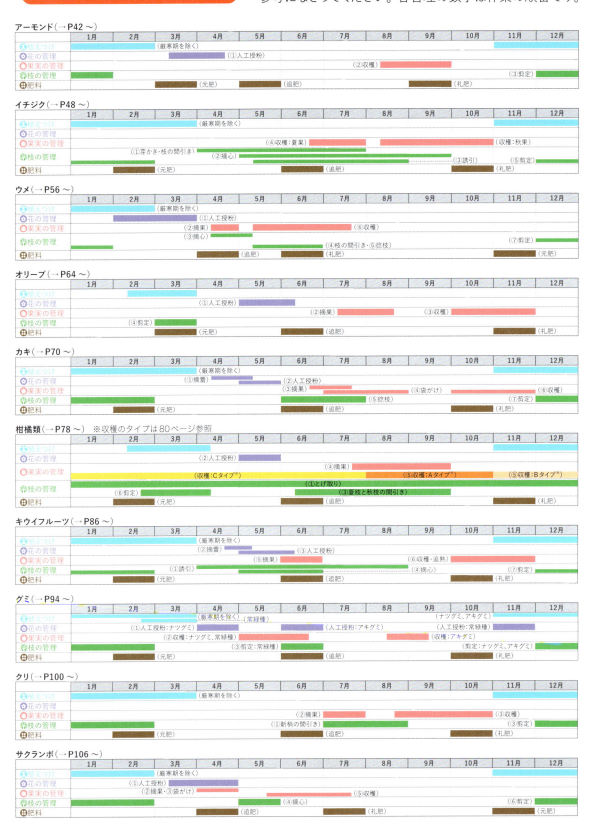

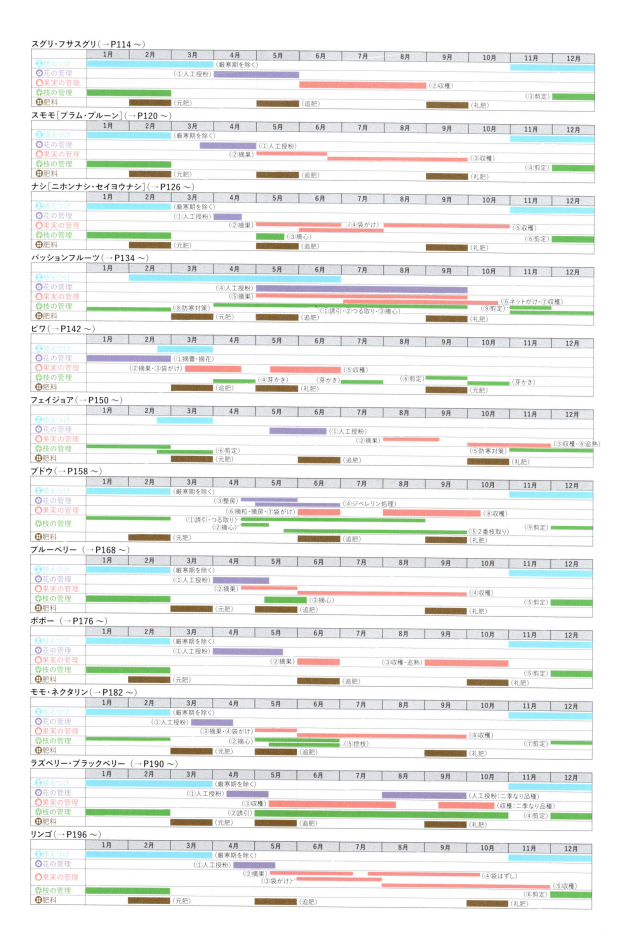

本書の使い方

本書では基本的に庭植えの果樹を中心に解説しています。

果樹名
果樹の和名や総称を表記します。分類のある果樹については（ ）内に記します。

難易度
果樹の性質、管理のしやすさなどを総合的に考慮し、栽培の難易度を「やさしい」「ふつう」「むずかしい」で表します。

栽培カレンダー
栽培時期を記した12か月のカレンダーと、栽培の流れを写真で表します。収穫については「おもな品種」以外の品種も含みます。カレンダーのアイコンと色は各作業と対応させています。本書では関東地方平野部を基準にしていますが、地域や環境、その年の気候によってはずれることがあります。

科属名
APGIII分類体系に基づいた科名と属名。

栽培のポイント
栽培においてその果樹の性質の特徴や注意点など、ヒントとなる情報を記載します。

鉢植えの管理作業
その果樹の鉢植えでの育て方をまとめています。基本的な作業は庭植えと同じです。

基本データ

形態
冬に葉がすべて落ちる「落葉」、一年中葉をつける「常緑」・「熱帯」の性質と、高木や低木、つる性のタイプを表します。

受粉樹　受粉樹の有無を記します。

仕立て
その果樹に合った仕立て方を表します。

耐寒気温
果樹が耐えられる最低気温を表記します。

とげ　とげの有無を記します。

土壌pH
果樹が好む土壌のpH（酸度）を表します。

施肥量の目安（樹冠直径1m未満）
元肥（もとごえ）、追肥（ついひ）、礼肥（れいひ）で施す肥料の時期、種類、量を表記します。本書の化成肥料は「8-8-8」を使用しています。

棒苗から結実まで
棒苗で育てて結実するまでの目安の年数です。

樹高
仕立て後の栽培しやすい木の高さを表します。

おもな品種
栽培しやすい品種やおすすめの品種を収穫期などの情報とともに紹介します。

COLUMN
果樹の栽培に役立つポイントなどの情報を記載します。

剪定の順番
剪定を2～4つのポイントに分け、その手順を解説します。図のピンク色は切る枝を示しています。

作業手順
管理作業の順番と名前を栽培カレンダーと対応した色とアイコンで表し、その下に作業時期を記します。重要度は「★」の数が多いほど重要な作業になります。目的、方法はその作業の目的や方法を解説しています。

果実がなる位置と枝の切り詰め方
花芽のつき方や見分け方、果実がなりやすい枝など、剪定するうえで必ず知っておくべきポイントを記載します。

病害虫と生理障害
その果樹の病気 病 、害虫 虫 、生理障害 障 を紹介します。

Part 1

果樹栽培の基本

育てる果樹を選んで、苗木や道具を購入し、
植えつけるまでのポイントや、
植えつけ後の栽培管理のポイントを
どの果樹にも共通する形で解説します。

果樹の選び方（庭植え・鉢植え共通）

耐寒性や受粉樹の有無など、育てるうえで重要なポイントが果樹によって大きく異なります。性質をよく理解してから育てる果樹を選ぶとよいでしょう。

耐寒気温で選ぶ

育てる果樹を選ぶ際に、とくに注意が必要なのが冬の寒さです。居住地が寒冷地の場合や常緑・熱帯果樹を栽培する場合は、居住地の冬の最低気温が育てたい果樹の耐寒気温を下回らないかを調べます。

下回るようなら庭植えはあきらめ、鉢植えで育てて室内などの暖かい場所で冬越しさせるのが基本です。

なお、居住地の冬の最低気温については、気象庁が公開しているデータなどを参照しましょう。

参考：「果樹農業振興基本方針」（農林水産省）
　　　「特産果樹」（日本果樹種苗協会）
　　　「果実の事典」（朝倉書店）

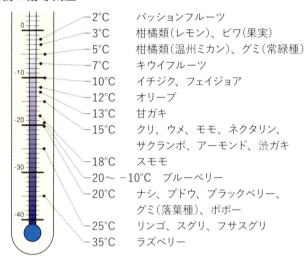

果樹の耐寒気温

- −2℃　パッションフルーツ
- −3℃　柑橘類（レモン）、ビワ（果実）
- −5℃　柑橘類（温州ミカン）、グミ（常緑種）
- −7℃　キウイフルーツ
- −10℃　イチジク、フェイジョア
- −12℃　オリーブ
- −13℃　甘ガキ
- −15℃　クリ、ウメ、モモ、ネクタリン、サクランボ、アーモンド、渋ガキ
- −18℃　スモモ
- −20〜−10℃　ブルーベリー
- −20℃　ナシ、ブドウ、ブラックベリー、グミ（落葉種）、ポポー
- −25℃　リンゴ、スグリ、フサスグリ
- −35℃　ラズベリー

樹高（じゅこう）で選ぶ

樹高（木の高さ）は育つ環境によって大きく異なりますが、おおよその目安は、右表のようにまとめることができます。

ある程度の高さに育てて庭のシンボルツリーにしたい場合や、たくさん収穫したい場合は、樹高が高い果樹を、コンパクトな木に仕立てて楽しみたい場合は低い果樹を選ぶとよいでしょう。

果樹の樹高の目安 ※下記はあくまで目安です。

とくに低い果樹	樹高の目安 通常	最大	とくに高い果樹	樹高の目安 通常	最大
フサスグリ	0.5m	1.5m	サクランボ	3.0m	10.0m
スグリ	0.5m	2.0m	カキ	3.0m	10.0m
ラズベリー	1.0m	2.0m	ビワ	3.0m	10.0m
ブルーベリー	1.5m	3.0m	クリ	3.5m	15.0m

株仕立て（→P17）　　主幹形仕立て（→P16）　　棚仕立て（→P18）

受粉樹が必要なもの

果樹を受粉させるために植える、同じ果樹の別品種の木を受粉樹といいます。下の表で「受粉樹が不要」と記載されている果樹は、苗木が1本（1品種）しかなくても基本的には果実が実ります（結実）。「受粉樹が必要」と記載されている果樹は、苗木が1本（1品種）しかないと実つきが悪く、異なる2品種以上を一緒に育てることではじめて実つきがよくなります。ただし、ナシやサクランボなど、遺伝的な相性が合わないと受粉樹として機能しない果樹もあるので注意が必要です。庭やベランダのスペースが狭く、1本しか苗木を植えられない場合は受粉樹が不要な品種を選ぶとよいでしょう。

また、受粉樹が必要な果樹のなかでも、品種によっては受粉樹が不要なものがあります。加えて、受粉樹が不要な品種でも、受粉樹を植えたほうが実つきがよくなる傾向にあります。

果樹の受粉樹の要・不要

※品種によっては例外があるもの。

受粉樹が**不要**	苗木1本でOK	イチジク、柑橘類※、グミ※、スグリ、フサスグリ、ビワ※、ブドウ、ブラックベリー、ラズベリー、モモ※、ネクタリン※
受粉樹が**必要**	自分の花粉では受精しにくく実つきが悪いので、異なる2品種以上で育てる	ウメ、オリーブ※、クリ※、サクランボ※、スモモ※、ナシ、フェイジョア※、ブルーベリー、ポポー※、リンゴ※、アーモンド、パッションフルーツ
	雌花と雄花が別々の木に咲く	キウイフルーツ、カキ※1

※1 カキは雄花と雌花が同じ木に咲くが、雄花が咲かない木もある。

受粉樹が不要な果樹
ひとつの花のなかで雄しべと雌しべがあり、受粉樹がなくても結実する。写真はブラックベリー。

受粉樹が必要な果樹1
自分の花粉では受精しにくく、ほかの品種が受粉樹として必要なタイプ。写真はサクランボ。

受粉樹が必要な果樹2
雄花と雌花が別々の木につくので、雄木と雌木の2本を植える。写真はキウイフルーツ（左：雌花、右：雄花）。

とげの有無で選ぶ

果樹によっては鋭いとげが発生するものがあるので注意が必要です。

痛い思いをしたくない場合は、とげのある果樹をはじめから候補から除外するとよいでしょう。

なお、とげは見つけ次第、ハサミで切り取っても結実には問題ありません。

とげがある果樹

柑橘類※

グミ※

スグリ

ラズベリー※

※とげなしの品種もある。

苗木の選び方（庭植え・鉢植え共通）

同じ木を何年も育てる果樹栽培では、よい苗木を入手することが非常に重要です。
後悔しないように、十分リサーチしてから購入しましょう。

苗木の入手方法

　一般に苗木は園芸店やホームセンターなどで入手できます。店頭に直接足を運んで苗木を購入するため、目で見て気に入った苗木を購入できるのがメリットです。実つき苗などの掘り出しものに偶然出会うこともできます。

　また、種苗会社から送付されるカタログやインターネットを見て注文する方法もあり、近年増加しています。品ぞろえがよく、品種にこだわって購入したい場合におすすめです。

　このほか、ふやしたい果樹の枝などをほかの木についで苗木をつくるつぎ木や、タネまきなどを行い、自分で苗木を育てる方法もあります。これらで苗木をつくる作業も園芸の醍醐味のひとつといえるでしょう。

　ただし、果樹の場合はタネをまいてふやすと異なる性質の木になる恐れがあるほか、はじめて果樹がなる初結実までに10年以上かかることも珍しくないので注意が必要です。

苗木の種類

大苗（おおなえ）
たくさん枝分かれしている3年生（つくられてから3年目の苗木）以上の苗木。
すぐに収穫できる状態なのが最大のメリットで、実つきの状態で販売していることもある。
一方、価格が高いほか、すでに多数の枝が発生しているため、いろいろな仕立てに対応するのが難しい。

棒苗（ぼうなえ）
1～3本の棒状の枝のみがある1～2年生の苗木。
価格が安くて、いろいろな仕立て方に対応できるメリットがある。一方、初収穫までに3年以上かかることが多い。

よい苗木の見分け方

　苗木を園芸店やホームセンターなどで購入する場合、苗木の状態を見てできるだけよいものを選びます。

POINT

・ラベルに果樹名だけでなく、品種名も記されている
・病害虫の被害がない
・株元がぐらついていない
・落葉果樹は、枝が比較的太くて充実している
・常緑、熱帯果樹は葉の色が濃くて多い

よい苗木と悪い苗木

左：よい苗木。常緑果樹のレモン。葉の色が濃くて多いものがよい。
右：悪い苗木。葉の色が薄く、枝も弱々しい。

土づくりの基本（庭植え）

ふかふかとして水はけ、水もちのよい理想の土にするために、可能なら植えつけの1〜2か月前までに土づくりを行います。

土づくりが重要

　果樹は庭などに植えつけると、その後根本的な土づくりをすることができないので、土に肥料を施す施肥などの作業によって調整します。そのため、植えつけ前の土づくりが重要となります。

　果樹に限らず、植物を栽培するのに理想的な土とは、ふかふかとして水はけ、水もちがよい状態（物理性）で、栄養分の過不足（化学性）がなく、微生物や小動物などの多様性（生物性）が保たれた土のことを指します。

植え穴掘りと有機物の混ぜ込み

　苗木を植える穴（植え穴）は、苗木の根の部分が埋まる深さよりも大きめに掘り上げるのが基本です。将来的に大部分の根が集中する部分の土を掘り上げてやわらかくして水はけ、水もちを改善すると、その後の根の生育がよくなります。

　植え穴は広くて深いほうがよいですが、最低でも直径70cm、深さ50cmは確保しましょう。

　掘り上げた土には腐葉土などの有機物を18L程度混ぜ込むことで、水はけ、水もちをさらに改善することができます。同時に、微生物や小動物などが生育しやすい条件を整えることができます。

　有機物とともに化成肥料などを混ぜ込むと、骨格となる枝が必要以上に長く伸び（徒長し）やすいので、本書では有機物のみを混ぜ込む方法を行います。

土壌酸度の測定・調整

　化学的に理想的な土にするために、栄養面は肥料（32ページ）で調整しますが、土の酸度（土壌pH）も非常に重要です。土壌pHは0〜14の数字で示されますが、値が低いほど酸性が強く、7付近が中性で、高いほどアルカリ性が強くなります。

　果樹によって適した土の酸度の範囲があり、その範囲からはずれると枝葉の生育や実つきが悪くなる傾向にあります。そこで、植えつける場所の土壌pHを測定してから、その範囲からはずれていれば、石灰などを混ぜて酸度を調整します。植える果樹に適した土壌pHは本書の各果樹の基本データを参考にしましょう。

土づくりの手順

①植え穴を掘り有機物を混ぜる

植え穴を掘り、掘り上げた土に腐葉土（有機物）を混ぜ込む。

②土壌pHの測定

市販の酸度測定キットや酸度計を用いて、植えつける場所の酸度を測定する。

③土壌pHの調整

石灰（消石灰）　硫黄末

土壌pHを高くしたい場合は、掘り上げた土に石灰を混ぜ込む。
土壌pHを低くしたい場合は、ピートモスや、市販の酸度調整剤（硫黄末など）を混ぜ込む。混ぜ込んだら、再び酸度を測定して理想の値になるまで調整する。

④土を埋め戻す

作業が完了したら、植え穴に掘り上げた土を戻す。
植え穴がそのままだと人がはまって危険なほか、掘り上げた土が風で飛ぶ。これらを防ぐために早めに土を戻す。

植えつけ・植え替えの基本（庭植え・鉢植え共通）

苗木を購入したら、適期を守って植えつけます。植えつけの手順は庭植えと鉢植えで異なります。鉢植えは植えつけから数年が経過したら植え替えます。

植えつけ・植え替えの適期

庭への植えつけや鉢への植え替えの適期は果樹によって異なりますが、形態（落葉、常緑、熱帯）によって大別できます。
- 落葉果樹：11〜2月（厳寒期を除く）
- 常緑果樹・熱帯果樹：2月中旬〜3月（寒さがゆるんでから）

基本的には上記の適期を大きくはずれて苗木を購入した場合、すぐに植えつけると根が傷む恐れがあるので、植えつけ適期まで鉢やポットのままで育ててから植えつけ・植え替えを行います。

ただし、熱帯果樹の苗木は寒さで障害が出る寒害の心配のない4月以降に出回る場合が多いので、根を傷つけないように注意を払えば、4〜6月に植えつけてもよいでしょう。

素掘り苗の根の吸水

苗木をカタログやインターネットで購入した場合、根に土がない素掘り苗（裸苗／はだかなえ）の状態で到着する場合がある。輸送中に水不足になっている恐れもあるので、バケツなどに水を張り、6時間ほど根をつけて吸水させてから植えつける。
素掘り苗は植えつけ適期にしか出回らないので、到着して吸水させたらすぐに植えつける。

つぎ木テープ取り

さし木でふやすことが難しい果樹や、わい性（低木性）、耐寒性などの台木が持つ性質を組み込みたい果樹では、つぎ木苗が出回っている。つぎ木苗は、株元付近に半透明や黒色のつぎ木テープが巻いてあり、多くの場合、幹が太くなると自然に取れるが、幹に食い込んで生育が悪くなることもまれにあるので、植えつけ前に取り除くとよい。

ラベルの設置・保管

苗木についたラベルは、そのまま苗木につけておくと、カラスなどの鳥に取られたり、風で飛ばされたりして品種名がわからなくなることもある。ラベルは室内で保管し、新たにラベルを自分で作成して、鉢土に差したり枝に固定したりするとよい（上写真）。あわせて木の配置などを紙に記録して、保管しておけば万全。

庭への植えつけ

①土壌改良

植えつけの1〜2か月前までに、植え穴を掘って腐葉土を混ぜ、栽培する果樹に合わせた土壌pH（酸度）を調整する。調整後は土を埋め戻しておく（11ページ）。

④苗木を植える

苗木を植え穴に入れ、株元と地面の高さが同じになるように土を入れて調整したら、土を戻して植えつける。

②植え穴を掘る

植えつけ適期になったら植え穴を掘る。苗木の根鉢（根と土がひとかたまりになったもの）が埋まる程度の大きさと深さの穴を掘ればよい。

Check

つぎ木部

つぎ木苗の場合はつぎ木部（こぶ状にふくらんだ部位）を埋めないようにします。土に埋めると、樹勢が強くなりすぎるなど、台木の性質が生かされないことがあるので注意。

③苗木の根を切り詰める

苗木の根をほぐし、太い根は先端を軽く切り詰めて、新しい根の発生を促す。植えつけ適期に切り詰めるのであれば、株が傷むことはない。

⑤水やり、枝の切り詰め、支柱の設置

水をたっぷりやって完成。必要に応じて枝先を切り詰めたり、支柱を設置して誘引（21ページ）したりする。

鉢の植えつけ・植え替え

植えつけと植え替えの方法

植えつけと植え替えには「一回り大きな鉢に植え替える（鉢増し・鉢替え）方法」と「根を切り詰めて同じ鉢に植え替える方法」のふたつがあります。

入手した苗木の鉢が小さく、一回り大きなサイズの鉢に植えつける場合や、栽培している鉢を大きなものに替える場合は、次ページの「植えつけ・植え替え❶」の手順で植え替えます。

入手した苗木の鉢や、栽培している鉢のサイズが大きくて、それ以上大きなサイズの鉢にしたくない場合は「植えつけ・植え替え❷」の手順で植え替えます。

植え替えのサイン

鉢植えは植えつけてから3年程度経過すると、鉢のなかが古い根でいっぱいになり、水やりが十分でも枝葉がしおれ、葉の色が薄くなることがあります（根詰まり）。下のサイン1〜2の状況のいずれかが当てはまれば、適期に植え替えましょう。用土は植えつけと同じです。

市販の培養土

ブルーベリーは酸性で水もちのよい土を好むので、市販のブルーベリー用の培養土（写真左）を用いる。ブルーベリー以外の果樹は、果樹・花木用の培養土（写真右）を用いる。

用土をブレンドする

果樹・花木用の培養土（写真左）が入手できればよいが、ない場合は野菜用の培養土と鹿沼土（小粒）を7:3の割合で混ぜて使用する（写真右）。

鹿沼土（かぬまつち）
代表的な園芸用土のひとつ。軽石の一種で水はけ、水もちがよい。おもに栃木県鹿沼市で産出される。

培養土
果樹や野菜などが生育しやすいように、いくつかの用土や肥料などがブレンドされた土。

根詰まりのサイン

サイン1
水や養分を求め、鉢の底に根がはみ出ている場合は、植え替えが必要。

サイン2
水をやっても1分以上しみ込まず、鉢土の上にたまっている場合は植え替えが必要。

植えつけ・植え替え❶
―― 一回り大きな鉢に植え替え ――

①太い根を切り詰める

鉢植えを倒し、株を引き抜く。根鉢を軽くほぐし、太い根を軽く切り詰める。

②鉢底石と用土を入れる

一回り大きな鉢

鉢底に鉢底石を入れて、その上に果樹に合った用土（14ページ）を少し入れて高さを調整する。

③株を植える

つぎ木部

株を真ん中に置き、用土を入れて植える。つぎ木苗の場合はつぎ木部（こぶ状にふくらんだ部位）が用土で隠れないように。

④水をやる

たっぷりと水をやったら完成。

植えつけ・植え替え❷
―― 同じ鉢に植え替え ――

①株を引き抜く

鉢植えを倒し、飛び出た根を切り取って株を引き抜く。抜けにくい場合は、鉢を叩いて振動を加えるとよい。

②根鉢の底面を切り詰める

3〜5cm 切り詰める

ノコギリを用いて根鉢の底面を3〜5cm程度切り詰める。

③側面の根を切り詰める

切り詰めた根鉢

3〜5cm 切り詰める

株を起こして、側面の根もノコギリで何度かに分けて3〜5cm程度切り詰める。株を回転させながら、何度かに分けて切り詰める。

④株を植える

同じ鉢

根を切り詰めることで生まれたスペースに、植えつけ・植え替え❶の 2〜3 に準じて鉢底石や用土を入れ、水をやったら完成。

Part 1 | 果樹栽培の基本　植えつけ・植え替えの基本

樹形と仕立て方（庭植え・鉢植え共通）

仕立てとは、植えつけた苗木を果実がつきやすく、管理作業がしやすい木の形（樹形）にすることです。育てる果樹や環境によって適した樹形は異なります。

主幹形仕立て

多くの果樹は剪定や誘引（21ページ）をしないで放任すると、この主幹形になります。この仕立ては大木になりやすいのであまり利用されませんが、わい性（低木性）の台木を利用したリンゴで行われます。とくに主幹形をより細くして、下部の枝だけを大きめに仕立てたフリースピンドル仕立て（右図）が理想的な樹形とされています。

適した果樹：リンゴ

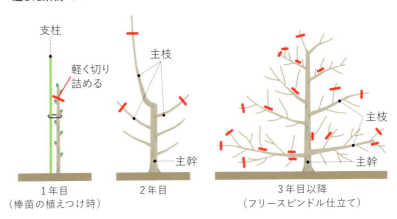

変則主幹形仕立て

植えつけから何年かは主幹形仕立てで育てますが、木が高くなったら、主幹（木の中心となる幹）の先端を大きく切り詰めて樹高を低くします（芯を止める）。しばらく剪定されずに放任となっていた木でも取り入れやすい樹形です。主枝（骨格となる太い枝）は最終的には3〜6本程度になるように間引きます。

適した果樹：カキ、グミ、サクランボ、ビワ、ポポーなど

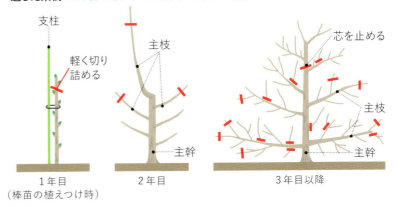

開心自然形仕立て

植えつけ時に苗木を切り詰めて、骨格となる枝（主枝）を株元の低い位置から2〜4本発生させ、樹高が低くなるようにひもなどで枝を斜めに誘引します。作業しやすく、全体に日光が当たるので生育がよくなります。

幼木の頃から計画的に仕立て、継続的に剪定・誘引することがポイントで、放任した大木を仕立て直すのは難しいです。

適した果樹：アーモンド、オリーブ、ウメ、カキ、柑橘類、スモモ、クリ、ネクタリン、フェイジョア、モモなど

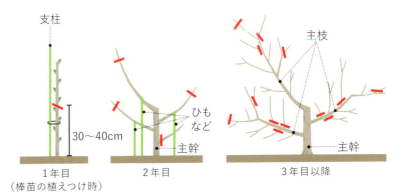

株仕立て

　扇を逆さまにしたような樹形で、地面からひこばえ（28ページ）が発生する果樹や株元の極めて低い位置で何本も枝分かれする果樹に向いた仕立て方です。
　枝が古くなったらつけ根で切り、代わりに株元付近から発生するひこばえなどの枝を残して若い枝が多くなるように仕立てるのがポイントです。

適した果樹: スグリ、フサスグリ、ブルーベリー、ブラックベリー、ラズベリーなど

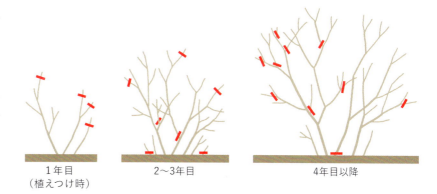

1年目（植えつけ時） ／ 2～3年目 ／ 4年目以降

一文字仕立て

　主枝を横一文字に配置し、そこから果実をつける枝（結果枝）を垂直に伸ばす仕立て方です。剪定では垂直に伸びる結果枝（27ページ）をすべて1～2芽（節）で切り詰めます。
　樹高が低く、樹形が単純で剪定方法が簡単に理解できるので、初心者でも安心して仕立てることができます。多くのイチジクの品種で利用できます。

適した果樹: イチジク

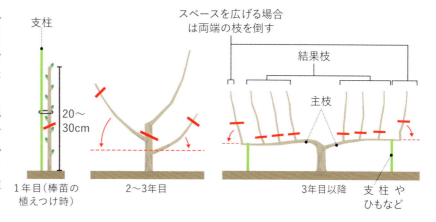

1年目（棒苗の植えつけ時） ／ 2～3年目 ／ 3年目以降

フェンス仕立て

　つる性の果樹に向いた仕立て方で、市販のフェンスを設置して枝を誘引します。
　家の敷地の境界線に利用できるほか、最近では窓際のグリーンカーテンとしての利用が盛んです。冬の剪定時に、フェンスに枝が絡まったままにしないで、しっかりとほどいてバッサリと間引いたり、切り詰めたりする必要があります。

適した果樹: キウイフルーツ、パッションフルーツ、ブドウ、ブラックベリー、ラズベリーなど

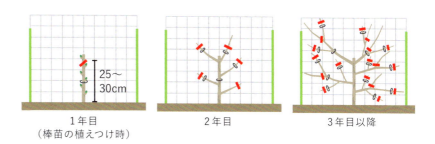

1年目（棒苗の植えつけ時） ／ 2年目 ／ 3年目以降

棚仕立て

適した果樹： キウイフルーツ、ナシ、パッションフルーツ、ブドウなど

フジなどに用いる棚を設置して枝を誘引する仕立て方で、つる性の果樹のほか、ナシにも向いています。苗木を植える場所によって、オールバック仕立てと一文字仕立て（2本主枝）などがあります。

オールバック仕立ては支柱に沿って苗木を植えるので、棚の下を駐車場などに利用できます。一文字仕立ては主枝を左右に配置するので、バランスがよくて整った樹形に仕立てることができます。

オールバック仕立て

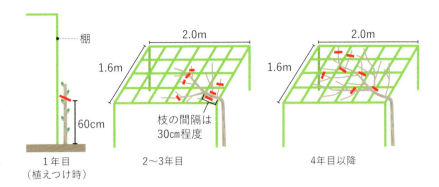

一文字仕立て

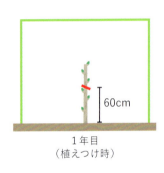
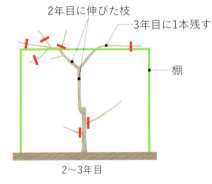
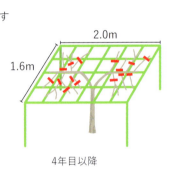

オベリスク仕立て

適した果樹： キウイフルーツ、パッションフルーツ、ブドウ、ブラックベリー、ラズベリーなど

バラなどに用いるオベリスクに枝を誘引する仕立て方で、つる性の果樹に向き、庭植えよりも鉢植えでよく用いられる仕立て方です。

伸びた枝を均等に配置して、日当たりや風通しをよくするのがポイントです。果樹の太い枝を支えられる、頑丈なオベリスクを利用しましょう。

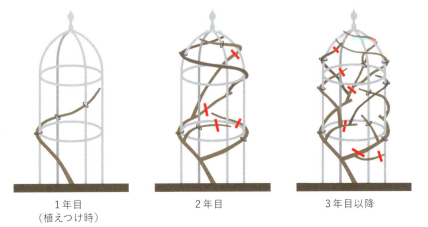

生育サイクルと栽培の流れ（庭植え・鉢植え共通）

春の萌芽からはじまって生育停滞（休眠期）で終わり、翌年にまた萌芽から生育サイクルを繰り返す果樹。生育にともなって、さまざまな作業が必要となります。

手間をかけるほど果樹は応える

必要な作業の数は果樹によって異なりますが、人工授粉や摘果などの作業を多くこなすほど、おいしい果実が収穫できるようになります。とはいえ、家庭ではできる範囲の作業を行えばよいので、それぞれの果樹の該当ページで示した作業の重要度の「★」の数や作業にかけられる時間などから判断して、行う作業を決めましょう。

生育停滞
剪定 ★★★
元肥 ★★★
休眠に入ったら枝を剪定する。萌芽前に肥料を与える。

萌芽～新梢伸長
摘蕾 ★★
養分ロスを抑えるためにつぼみを間引く。

開花
人工授粉 ★★
実つきが悪い場合や受粉樹が必要な品種などに行う。

新梢伸長
追肥 ★★★　捻枝 ★
枝を配置したい場所にねじ曲げる。肥料を与える。

結実
摘果 ★★★
袋がけ ★
養分ロスを防ぐ。果実を保護する。

果実肥大

果実成熟
収穫 ★★★　礼肥 ★★★
完熟したものからハサミで収穫。収穫後に肥料を与える。

カキの生育と必要な作業

作業のポイント（庭植え・鉢植え共通）

剪定以外の作業のポイントを解説します。果樹によって作業の重要度が異なるので、各果樹の該当ページにある「★」の数が多いものを優先的に行いましょう。

芽かき・枝の間引き

発生したばかりの枝を、手でつけ根からかき取る作業を「芽かき」といいます。また、ある程度の長さまで伸びた枝を、つけ根で切り取る作業を「枝の間引き」と呼びます。

剪定だけでなく、芽かきや枝の間引きを行うことで、年間を通じて枝を制御することができ、木をコンパクトに維持することにつながります。また、日当たりや風通しが改善され、病害虫の発生を防ぎ、残った枝や翌年の花芽（30ページ）も充実します。

芽かき

発生したばかりの枝のつけ根を持ち、手で摘み取る。まっすぐ伸びる枝や複数出る枝を間引く際に行う。

1 枝の間引き

伸びた枝が混み合っているようなら、切り残しがないように、つけ根から不要な枝を切り取る。

2 枝の間引き

間引く間隔を、葉と葉が触れ合わない程度にすれば、日当たりと風通しが改善される。

摘心

枝が伸びすぎて養分を消費しすぎると、花や果実、翌年花芽をつける枝に回る養分が不足します。養分ロスを防ぐためには、新しく伸びた枝の先端を切り詰める「摘心」を行います。

摘心は、生育初期に先端を切ると、養分ロスを少なくできます。切る枝の長さは各果樹によって変わります。摘心は養分ロスを少なくするだけでなく、日当たりや風通しがよくなって病害虫の発生を低減し、果実の色つきを改善することもあります。

1 目安となる葉の枚数や枝の長さに合わせて切り詰める

果樹の種類によって、切る位置の目安となる葉の枚数や枝の長さが異なる。

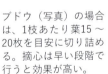

2

ブドウ（写真）の場合は、1枝あたり葉15〜20枚を目安に切り詰める。摘心は早い段階で行うと効果が高い。

誘引

　誘引とは伸びた枝を棚やオベリスクなどの支柱に固定することです。植えつけ時に、苗木の枝を棒状の支柱に固定する場合も誘引が必要です。ブドウやキウイフルーツなどのように枝がつる状に伸びる果樹のほか、枝が垂れやすいラズベリーやブラックベリーでも誘引が必要です。

　周囲の枝となるべく交差しないように枝を配置し、ひもなどで固定します。ひもは8の字に結ぶと、枝がずれにくくなります。また、枝が太くなったときにひもが枝に食い込むのを防ぐことができます。

交差させて8の字に

結び目は固結びなどほどけなければよい

枝が伸びたら、ほかの枝とできるだけ重ならないように配置する。写真はキウイフルーツ。

8の字になるように枝と棚にひもを通して結ぶとよい。結び目は棚側にすると固定しやすい。

50～70cm間隔で結ぶ

誘引後に枝が伸びたら、50～70cm間隔で再び固定する。

捻枝

　捻枝とは、真上に伸びる枝を手でねじって少し傷をつけ、枝を横向きに変える作業です。欲しい場所に枝を配置できるほか、横向きにすることで枝の徒長を防いで充実させ、翌年用の花芽の数を増やす効果もあります。

　捻枝は新しく伸びた緑色の枝に対して行うのが基本ですが、ナシのように剪定時に茶色の枝に行うこともあります。枝を横向きにする際には、そのまま倒すのではなく、両手でつけ根を持って、ねじるように回転させるのがポイントです。

まっすぐ伸びる枝を横向きにする。枝のつけ根を両手で持つ。

つけ根側の手は枝が折れないようにしっかりと支え、枝先側の手を何度もねじりながら横に倒す。

成功すると手で支えなくても枝が横向きになる。

摘蕾・摘花

開花前のつぼみを間引くことを「摘蕾」、花を間引くことを「摘花」といいます。

この作業をすることで、養分ロスが減少し、果実の品質が向上して、枝の生育もよくなります。

摘果（24ページ）より早く摘み取るため、効果は高いですが、実つきが悪い木では収穫量の減少につながるので行いません。たくさんの花や果実をつけるビワなどに向いています。

ビワは、100個程度のつぼみがついてひとつの集まり（花房）になる。

花房はたくさん枝分かれするので、一番下の2〜3本の軸を残して、摘み取る。

1か所から2〜3個のつぼみをつけることが多いので、1か所1個になるように間引く。

中央の大きなつぼみを残して、ほかを摘み取る。

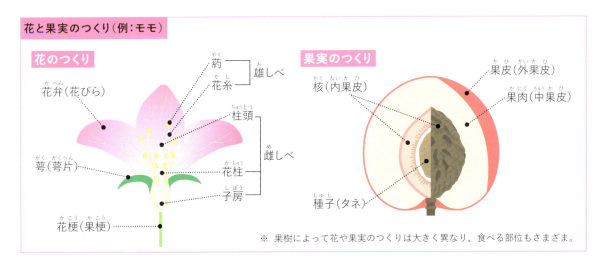

※ 果樹によって花や果実のつくりは大きく異なり、食べる部位もさまざまです。

人工授粉

　花が果実へと成長するためには、開花時の花のなかにある雄しべの花粉が、雌しべの柱頭につく必要があります。これを「受粉」といいます。通常、受粉は昆虫や風によって行われるため、天候などの自然条件に左右され、年によっては実つきが悪くなることがあります。

　受粉樹が必要な果樹では、受粉すべき花が遠くに離れていることが多いので、人の手で受粉する作業、「人工授粉」をするとよいでしょう。毎年のように実つきが悪い場合も人工授粉を検討する必要があります。

　人工授粉は以下の方法1～3に大別できます。

方法1　絵筆で触れて受粉

絵筆で中央をなぞるように受粉させる。別の品種の花粉が必要なものは、それぞれ交互になぞる。また、コップなどに受けて花粉を集めてから受粉させてもよい。

方法2　花から花へ受粉

受粉樹が必要な品種などは、花を摘んで別の品種の花にこすりつける。摘んだ花は、花びらを取り除くと作業しやすい。

方法3　花粉を取り出し受粉 -1

開花したばかりの花を摘み、ピンセットなどで花粉を出す葯が重ならないように紙の上に取り出す。室温で12時間程度放置する。

方法3　花粉を取り出し受粉 -2

飛び出した花粉を葯ごとビンなどに回収して、絵筆や梵天（ぼんてん／写真右）などで異なる品種の花に受粉させる。

受粉のタイプ

虫媒花

昆虫などによって花粉が運ばれる花を虫媒花という。花が豪華、花粉が多い、花の蜜が多いなど、昆虫にアピールしている花が多い。写真はスモモ。

風媒花

風で花粉が運ばれる花を風媒花という。花粉が多くて軽い花が多い。写真はオリーブ。

摘果

「摘果」とは、成長前の小さな果実を間引くことです。豊作と不作の年を繰り返す性質（隔年結果性）が強い果樹や、大きく甘い果実にしたい場合に行います。養分ロスを減少させ、翌年の収穫量を確保できます。

摘果をする場合には、「葉果比」を目安に間引くとよいでしょう。葉果比とは果実1個を甘く大きくするために必要な葉の枚数です（右表）。育てている木の葉の数を数え、葉果比で割って残す果実の数を決定します。木が大きい場合は、あくまで目安としましょう。葉果比のほかに、葉と果実の集まり（果そう）や枝などが目安となって、残す数を決める果樹もあります。摘果は形のよい果実を残し、形が悪いものなどを優先的に間引きます。

ナシやリンゴ、キウイフルーツなど、1か所に複数の果実がなる果樹では、「予備摘果」と「仕上げ摘果」の2回に分けると、品質がよくて安定した量の果実を確保しやすくなります（下写真）。

葉果比

果樹	葉の枚数
オリーブ	8枚
カキ	25枚
柑橘類（約20g以下/果）	8枚
柑橘類（約130g/果）	25枚
柑橘類（約200g/果）	80枚
柑橘類（400g以上/果）	100枚
キウイフルーツ	5枚
スモモ	16枚
ナシ	25枚
ビワ	25枚
モモ	30枚
リンゴ	50枚

1 予備摘果

ナシ（ニホンナシ）の摘果。葉や果実の集まり（果そう）ごとに、1果になるように予備摘果を行う。適期は5月上旬。

間引く果実の目安（例：ニホンナシ）

正常な果実を残し、ほかの果実を優先的に間引く。

2 仕上げ摘果

予備摘果後、6月に仕上げ摘果を行う。仕上げ摘果では、3果そう（葉25枚）に1果を目安に間引く。

3 仕上げ摘果

形のよいものを残し、ほかをハサミで間引く。残した果樹が3果そうに1果となる。

袋がけ

　市販の果実袋を果実にかけることで、病害虫や風によるこすれなどから守ります。この作業を「袋がけ」といいます。

　果実袋はメジャーな果樹では、その果樹専用のものがありますが、専用のものが入手できない場合は、ほかの果樹の果実袋を流用しても構いません。育てている果樹の果実のサイズに合わせて選ぶとよいでしょう。

　果実袋の口には付属の針金がついているので、果梗（果実の軸）に巻いてすき間がないようにしっかりと固定します。ゆるんでいると、雨水や害虫などが入って病害虫の原因となるので注意しましょう。

ナシ

果実袋のなかに手を入れて開き、仕上げ摘果後の果実にかぶせる。付属の針金を果梗に巻いて、雨水や害虫が入らないようにしっかりと固定する。

モモ

果梗が短いので、果実袋は果梗ではなく、枝ごとかける。モモ専用の果実袋には、V字に切れ込みが入り、かけやすいものが多い。

収穫

　「収穫」は、果樹を育てる一番大きな目的といってもよいでしょう。収穫の適期は、果実の見た目の色や硬さなどから判断しますが、わかりにくいものは、試食してから判断します。キウイフルーツやフェイジョアなどのように、何日か置いて熟させる（追熟）ことによってはじめて食べられる状態になる果樹もあります。

　多くの果樹は手で持ち上げて収穫しますが、果梗が硬いものなどはハサミで切って収穫します。

リンゴ

果実を軽くにぎって上に持ち上げると収穫できる。果梗を残すと重ねたときにほかの果実を傷つける恐れがあるので、切り取る（二度切り）。

キウイフルーツ

収穫直後のキウイフルーツは、硬く酸味も強くて食べられないので、リンゴと一緒にポリ袋に入れ、15℃程度の日陰に置いて6～12日程度、放置（追熟）してから食べる。

| Part 1 | 果樹栽培の基本 | 作業のポイント | 25

剪定のポイント（庭植え・鉢植え共通）

剪定とは枝を切る作業です。木を管理しやすい状態に保ち、日当たりや風通しをよくして病害虫の発生を低減し、枝を若返らせて持続的に結実しやすくするのが目的です。

剪定の適期

枝葉や根が活発に生育する時期に枝を切ると、傷口がふさがりにくく、枯れて木が弱ったり、切った直後に切り口付近から枝が必要以上に長く伸び（徒長し）たりします。そのため、基本的には枝葉や根の生育がゆるやかな冬～初春に剪定します。加えて、落葉果樹、常緑果樹、熱帯果樹の分類によって、適期をさらにしぼることができます（右表）。

落葉果樹は寒さに強いので、休眠期の12～2月が剪定の適期です。常緑果樹は寒さに弱いので、生育が停滞しつつ寒さがゆるみはじめる2月中旬～3月が適期となります。熱帯果樹は室内に取り込む直前の11月や寒さがゆるんだ3月に切りましょう。

なお、生育が活発な夏に枝を絶対に切ってはいけないわけではありません。果樹によっては、枝の生育を止めるために先端を切り詰める「摘心」（20ページ）や、その年に伸びた若い枝のうち混み合ったものをつけ根で切る「枝の間引き」（20ページ）などを行うとよいでしょう。これらの作業をまとめて夏季剪定ともいいます。

剪定の適期

形態	剪定適期
落葉果樹	12～2月
常緑果樹	2月中旬～3月（ビワは9月）
熱帯果樹	11月（室内に取り込む直前）、3月

※上記の形態は各果樹の「基本データ」を参照。

夏季剪定
枝の生育が活発な時期に枝を間引く場合は、その年に伸びた若い枝（新梢／しんしょう）のみを切り、前年以前に伸びた茶色い枝はなるべく切らない。また、夏季剪定は、（冬季）剪定で切り足りない部分を補うために行い、大部分の枝は冬に切る。

手順①
木の広がりを抑える

まずは枝を大きく切り取って、木をコンパクトにする。理想とする樹形（16ページ）を赤い線のようにイメージして、そこからはみ出る部分は枝分かれしているつけ根で切り落とす。

手順②
不要な枝を間引く

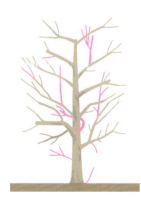

次に混み合った枝を間引いて日当たりや風通しをよくするため、不要な枝を優先的に間引く。手順①と同様に枝の切り残しがないように分岐部のつけ根で切る。

手順③
残った枝の先端を切り詰める

最後に手順①～②で残った枝の先端の一部、もしくはすべてを切り詰めて、充実した枝（新梢）の発生を促す。

手順① 木の広がりを抑える

1年で切りすぎるのは厳禁

木は地下部（根）と地上部（幹や枝）とのバランスを維持しながら生育しています。木をコンパクトにするために、いきなりバッサリ切って地上部の枝を少なくすると、地下部の根とバランスを取るように、翌春から夏にかけて太くて長い枝が大量に発生して、数年間は結実しにくい状況が続くことがあります。

そのため、樹高が高く、木をコンパクトにしたい場合は、早くても3年程度、可能であれば5年以上かけて、じっくりと木を縮小しましょう。

コンパクトにする目安

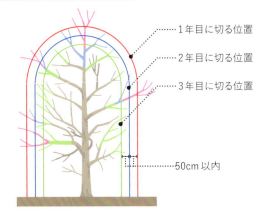

- 1年目に切る位置
- 2年目に切る位置
- 3年目に切る位置
- 50cm以内

1年で切り取る太い幹（前シーズン以前に伸びた枝）の長さは50cm以内にする。さらに、幼木の頃からコンパクトな樹形を意識し、切る枝の断面は、太くても大人の手首くらいで収まるように切るのが理想的。

太い枝の切る位置

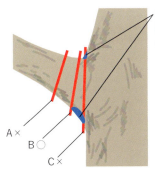

ブランチカラー: 眠っている葉芽がたくさんあるので、残すと切り口がうまくふさがる。

A×　B○　C×

太い枝はAで切ると切り口がうまくふさがらず、切り残した部分が枯れ込んで木の生育が悪くなる恐れがある。ブランチカラーと呼ばれる重要な部分を切り取るCでは、同じく切り口がうまくふさがらず、Aと同じく枯れ込みが入る。そのため、Bの位置で切ることを心がける。

癒合促進剤（ゆごうそくしんざい）を塗る

正しい位置で枝を切ったとしても、枯れ込みが入ったり病原菌が入り込んだりして、木の生育が悪くなる可能性がある。そのため、市販の癒合促進剤（切り口癒合剤）を切り口に塗るとよい。小さな切り口でも塗っておくことが理想的だが、直径2cm以上の切り口には必ず塗るようにする。手順②～③の切り口も同様。癒合促進剤は園芸店などで市販されている。

各枝の名称

主枝（しゅし）
木の骨格となる主幹から伸びる太い枝

亜主枝（あしゅし）
木の骨格となる主枝から伸びる太い枝

主幹（しゅかん）
株元から伸びる中心の幹

側枝（そくし）
主枝・亜主枝から伸びる末端の枝の総称

結果枝・結果母枝（けっかし・けっかぼし）
果実をつける側枝の一部。長さによって**長果枝**（ちょうかし）、**中果枝**（ちゅうかし）、**短果枝**（たんかし）があり、多くの果樹は中果枝、短果枝に果実をつけやすい

Part 1 果樹栽培の基本 剪定のポイント

手順 ②
不要な枝を間引く

果樹の種類や木の状態で切り取る枝の量を調整

　一般的に不要とされることが多い枝は右図の通りです。これらの枝を優先的に間引いて理想的な樹形に近づけます。

　落葉果樹は、翌春に枝葉をたくさん発生させるので、混み合いやすくなります。そのため、全体の3～7割を目安に枝を切り取ります。枝と枝の間に枝葉が伸びるための十分な空間をつくることが重要です。

　常緑果樹や熱帯果樹は、冬でも葉が残っているため翌春に落葉果樹ほどは枝葉が発生しない傾向にあります。そのため、切り取る枝の量も1～3割とし、葉が触れ合わないか、軽く触れ合う程度にするのがポイントです。

　また、間引く枝の量で木の勢い（樹勢）の強弱をコントロールすることができます。枝葉の発生が多い木については切り取る枝の量を多めにし、樹勢が弱い木は切り取る量を少なくするとよいでしょう。常緑果樹でいえば、樹勢が強い木は3割、樹勢が弱い木は1割の枝を切り取るのが目安となります。

不要な枝は果樹の種類や木の状態で異なる

　果樹の種類によって、不要な枝の定義は異なります。例えばリンゴやカキ、クリ、柑橘類など多くの果樹では、徒長枝は花芽（30ページ）がつきにくく、結実しにくいため基本的には不要となります。

　一方、ブドウやキウイフルーツ、ナシなどの果樹では、徒長枝でも花芽がつく場合が多く、積極的に利用します。また、木に残っている枝の大半が不要な枝の場合は使わざるを得ません。

　必要な枝と不要な枝は、育てる果樹や木の状態によって見極める必要があります。

おもに不要となる枝

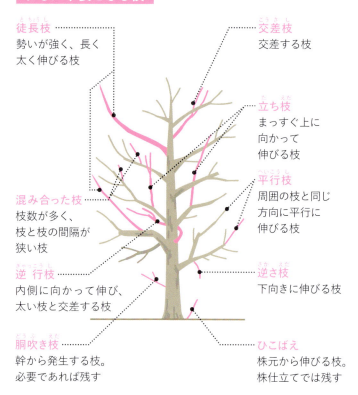

徒長枝　勢いが強く、長く太く伸びる枝

交差枝　交差する枝

立ち枝　まっすぐ上に向かって伸びる枝

平行枝　周囲の枝と同じ方向に平行に伸びる枝

混み合った枝　枝数が多く、枝と枝の間隔が狭い枝

逆行枝　内側に向かって伸び、太い枝と交差する枝

逆さ枝　下向きに伸びる枝

胴吹き枝　幹から発生する枝。必要であれば残す

ひこばえ　株元から伸びる枝。株仕立てでは残す

不要な徒長枝

リンゴの徒長枝。リンゴでは徒長枝には花芽がつきにくく、利用価値が少ないのでつけ根で間引くことが多い。

必要な徒長枝

ナシ（ニホンナシ）の徒長枝（長果枝）。ニホンナシでは徒長枝にも花芽がつくことがあり、棚に固定することで翌年以降も花芽がつくので積極的に利用する。

手順③
残った枝の先端を切り詰める

切り詰める長さとその後の枝の伸び方

　枝を切り詰める長さと翌シーズンに伸びる枝（新梢）の長さには関係があります。枝をたくさん切り詰めて残った枝が短くなるほど、翌シーズンに伸びる枝は長くなる傾向にあります。

　実際に右図のⒶ～Ⓒのどこで切るかというのは、切り詰めようとしている枝に果実をつけるのか、果実をつけないで若くて充実した枝を発生させるのか、翌々年以降の結実に期待するのかなど、枝の役割によって異なります。下表を参考にして切り詰め方を検討しましょう。

切る位置とその後に発生する枝の様子

今シーズンに伸びた枝 ／ Ⓐで切った場合 ／ Ⓑで切った場合 ／ Ⓒ切り詰めない場合

切り詰める位置	切り詰め後に発生する枝の様子
枝の半分以上を切り詰める（イラストのⒶの位置）	短く切り詰めることで残った芽の数が少なくなり、発生する枝の数も少なく、それぞれの枝は充実しすぎるほど太く長くなって徒長する。切り詰めた枝は、花芽を含む大半の芽がなくなることになり、翌年の収穫量が減る場合も多いが、ブドウやキウイフルーツ、ブラックベリーなどの果樹においては、発生した徒長枝にも花芽がついて結実しやすいので、積極的に切り詰めてよい。
枝の1/3～1/4程度を切り詰める（イラストのⒷの位置）	切り詰めることで先端付近からは中程度の長さの枝が発生し、そのつけ根付近から短い枝が発生する。発生する枝が徒長しすぎず、つけ根付近までまんべんなく枝が発生するので、枝を若返らせたい場合にはよく用いる切り方。先端付近のみに花芽がつく果樹（ブルーベリーなど）では、大半の花芽を切り取ることになるので注意。
切り詰めない（イラストのⒸの位置）	切り詰めない枝は、花芽が減ることがないので、収穫量が確保できる。一方、切り詰めない枝から発生する枝は弱々しく、若返らないので、いずれは果実がつきにくい枝になってしまう。つまりブルーベリーのように花芽が先端付近にしかつかない果樹でも、長い枝だけを選Ⓑで、　の位置で切り詰めて枝を充実させる必要がある。

先端の芽の向き

枝の先端を切り詰める際には、芽の上を5mm程度残して切る。
先端の芽が上向き（内芽）の部分で切り詰めると、翌シーズンに伸びる枝（新梢）が上向きに徒長する傾向にある。徒長すると花芽がつきにくくなるほか、樹形を乱す原因にもなるので、下向きか横向きの芽（外芽）が先端になるように切り詰める。

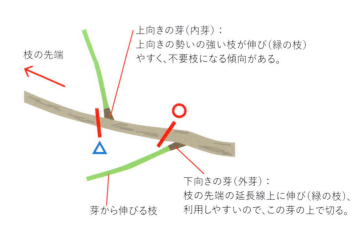

花芽と葉芽

冬の枝についている芽は、花芽と葉芽に大別できます。花芽には翌シーズンに花（果実）のみがつく「純正花芽」と、花（果実）と葉の両方がつく「混合花芽」があり、どちらも収穫できる枝が発生します。一方、葉芽から伸びた枝には葉しかつかないので、収穫はできません。

花芽と葉芽を見た際に、「大きいのが花芽、小さいのが葉芽」と外見で区別がつきやすい果樹と、区別がつきにくい果樹があります。外見で区別がつきやすい果樹は、剪定時に花芽を確認しながら、花芽が少なくならないように切ることができます。一方、外見では花芽と葉芽の区別がつきにくい果樹は、以下に解説する「花芽がつく位置」を把握して、花芽のつく位置を推測しながら、切り取りすぎないように剪定します。

純正花芽

純正花芽は、前年の枝から少しだけ枝が伸び、花（果実）のみつく。伸びた枝は果実を支える果梗（果実の軸）となる。枝葉は葉芽から伸びる。

混合花芽

混合花芽は、伸びた枝に花（果実）と葉が両方つく。葉芽からは枝葉のみが伸びる。

花芽と葉芽の外見による区別

区別がつきやすい果樹	区別がつきにくい果樹
リンゴ、ナシ、ウメ、モモ、ネクタリン、ブルーベリー、イチジク※、アーモンド、ポポー	ブドウ、キウイフルーツ、柑橘類、オリーブ、グミ、フェイジョア、ビワ、カキ、クリ、スモモ、サクランボ、ラズベリー、ブラックベリー、スグリ、フサスグリ、パッションフルーツ

※夏果の花芽のこと。秋果の花芽は、冬の剪定時には完成していないので区別がつきにくい。

花芽がつく位置

花芽が枝のつく位置は、果樹ごとにほぼ決まっています。例えば、右写真のブルーベリーの場合は、剪定の直前の春〜秋に伸びて生育が停止した枝（1年枝）の先端付近にしか花芽はつきません。そのため、aのような位置で切り詰めるとすべての花芽を切り取ることになり、翌シーズンに収穫できなくなります。つまり、剪定の手順③（29ページ）で枝を切り詰める際には、花芽がつく位置を把握しておかなければなりません。下表のうち、花芽と葉芽の区別がつきにくい果樹では位置の把握がとくに重要です。

花芽がつく位置

枝の先端付近にだけつく果樹	枝の全体に点在する果樹
ブルーベリー、カキ、クリ、柑橘類※、フェイジョア、ビワ、イチジク（夏果専用種）	ウメ、モモ、スモモ、サクランボ、リンゴ、ナシ、オリーブ、ラズベリー、ブラックベリー、ブドウ、キウイフルーツ、ネクタリン、イチジク（秋果専用種、夏秋果兼用種）、アーモンド、スグリ、フサスグリ、グミ、パッションフルーツ、ポポー

1 ブルーベリーの2月下旬の枝。先端の5芽が花芽、それ以降はすべて葉芽。

2 4月上旬になって萌芽しはじめた。枝の先端にはつぼみのようなものが確認できる。

3 5月上旬に開花した。花芽があった場所からは、それぞれ枝が発生して6個程度の花が咲いている。葉芽からは枝葉が発生しはじめている。

4 6月下旬に結実した。先端付近に多くの果実がついている。もし剪定時にaで切っていたら、この枝には結実しなかった。

※柑橘類の充実した春枝には、花芽が枝の全域に点在することもある。

花芽のつく位置と区別のしやすさに応じた枝の切り方

	花芽と葉芽の**区別がつきやすい**	花芽と葉芽の**区別がつきにくい**
花芽が枝の先端付近にだけつく	**ブルーベリータイプ** ・花芽と葉芽の**区別がつきやすい** ・花芽が枝の**先端付近にだけつく** 花芽／葉芽／先端を大きく切ると収穫できない 果実をつけたい枝については、切り詰めないか、花芽を確認しながら少しだけ切り詰める。長い枝については、1/3〜1/4程度切り詰めて、充実した枝を発生させ、翌々年以降に果実をつけさせる。	**カキタイプ** ・花芽と葉芽の**区別がつきにくい** ・花芽が枝の**先端付近にだけつく** 外見では区別がつきにくい／花芽／先端を大きく切ると収穫できない／葉芽 果実をつけたい枝については、切り詰めない。長い枝については、1/3〜1/4程度切り詰めて、充実した枝を発生させ、翌々年以降に果実をつけさせる。

純正花芽	混合花芽	純正花芽	混合花芽
ブルーベリー イチジク（夏果専用種）		ビワ	カキ クリ 柑橘類 フェイジョア

	花芽と葉芽の**区別がつきやすい**	花芽と葉芽の**区別がつきにくい**
花芽が枝の全体に点在	**ウメタイプ** ・花芽と葉芽の**区別がつきやすい** ・花芽が枝の**全体に点在** ここで切っても果実がなる／花芽／葉芽／**2年後** どこで切り詰めても花芽は残るが、実つきがよい短い枝（短果枝）を発生させるため、枝の先端から1/3〜1/5を切り詰める程度にとどめる。結実するようになるには、枝を切り詰めてから2年程度かかる。	**ブドウタイプ** ・花芽と葉芽の**区別がつきにくい** ・花芽が枝の**全体に点在** ここで切っても果実がなる／花芽／葉芽／外見では区別がつきにくい どこで切り詰めても花芽は残る。古い部分の枝をなるべく減らし、枝を若返らせる必要がある。枝の先端から1/3〜2/3程度切り詰めるとよい。果樹によっては1〜2芽を残してバッサリ切り詰める。

純正花芽	混合花芽	純正花芽	混合花芽
ウメ、モモ、 ネクタリン スモモ[※1] サクランボ[※1] アーモンド ポポー、フサスグリ[※1]	リンゴ ナシ グミ[※1] スグリ[※1]	オリーブ イチジク （秋果専用種、 夏秋果兼用種[※2]） パッションフルーツ	ラズベリー ブラックベリー ブドウ キウイフルーツ

※　上記のタイプ分けや花芽の位置、枝の切り方については多くの例外がある。
※1　スモモ、サクランボ、グミ、フサスグリ、スグリは花芽と葉芽の区別がつきにくいが、枝の切り方はウメタイプ。
※2　イチジクの夏秋果兼用種は夏果の花芽と葉芽の区別がつきやすいが、枝の切り方はブドウタイプ。

Part 1　果樹栽培の基本　**剪定のポイント**

肥料（庭植え・鉢植え共通）

一度に大量の肥料を施しても、根が傷むか、吸収されないうちに根の範囲外に流れ出てしまいます。そのため、果樹では元肥、追肥、礼肥の年間3回に分けて施すのが一般的です。

肥料の三要素

植物は根から栄養を吸収して育つため、使用した分の栄養は肥料で補います。

植物が育つための栄養成分で、とくに重要で多く必要なものがチッ素、リン酸、カリ（カリウム）です。この3つの要素を「肥料の三要素」といいます。

肥料の袋に「8-8-8」などと書かれている場合、数字の左からチッ素、リン酸、カリの成分が8％ずつ含まれていることを表します。

肥料は化学的に合成してつくられる「化学肥料」と、動物や植物などを由来とする有機物を原料につくられる「有機質肥料」に分けられます。化学肥料のうち、チッ素、リン酸、カリが2種類以上含まれるものを「化成肥料」といいます。化学肥料はすぐに効果が現れ、有機質肥料はゆっくり効果が現れるものが多いのが特徴です（例外もあり）。

肥料の袋

多くの肥料の袋には写真のような「8-8-8」など、チッ素、リン酸、カリの含まれている数値（％）が記載されている。

肥料の種類

一般論として、果樹をうまく育てるには、土の水はけ、水もち（物理性）を改善しつつ、チッ素、リン酸、カリのような三要素に加え、マグネシウムやカルシウムなどの微量要素といった栄養面（化学性）を満たしていれば、どんな種類の肥料を施しても構いません。自分なりに果樹の生育を観察しながら、ベストな種類の肥料の組み合わせを探すとよいでしょう。

本書では、一例として元肥には油かすを、追肥や礼肥に化成肥料（8-8-8）を使った施肥方法を紹介しています。

本書で使用している肥料

油かす
菜種などから油をしぼった残りかす。チッ素の割合が多く、骨粉などが混ぜられているとさらによい。比較的緩効性（ゆっくりと効果を表す）で、物理性も改善するので元肥に向く。

化成肥料
チッ素、リン酸、カリのうち2成分以上を含む肥料。8-8-8と表示してあるものは、チッ素、リン酸、カリが100g中8g（8％）含まれる。おもに追肥や礼肥に向く。

施す場所

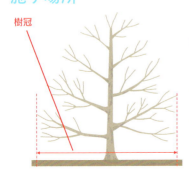

樹冠

【庭植え】
新しい根は株元付近にも発生するので、枝葉が茂る範囲（樹冠／じゅかん）の地面に均等に施す。余裕があれば、クワなどで肥料を土に軽くすき込む。

【鉢植え】
鉢土の表面に均一に施し、土にすき込まなくてよい。

施す時期

元肥（寒肥）
　枝葉や根の生育が停滞している11〜3月におもに施します。
　効果を長く持続させ、土をふかふかにし、水はけ、水もちを改善させる意味でも堆肥や油かす、鶏糞などの有機質肥料が向いています。

追肥（夏肥）
　開花時期や果実が肥大しはじめる時期の5〜7月頃に施す肥料です。
　施肥したらすぐ効果が現れるのが理想的なので、肥料濃度が高くて速効性の化成肥料が向いています。

礼肥（秋肥）
　収穫が完了した時期に施す肥料で、消耗した木に養分を与え、回復させるのが目的です。
　気温が低くなって落葉したり、生育が停滞したりすると肥料が吸収しにくいので、追肥と同じく速効性の肥料が適しています。

施肥量の計算方法

【庭植え】
肥料の量（施肥量）は、庭植えでは枝葉が茂る範囲（樹冠）の直径を目安として施す。

※1
施肥量は各果樹の「基本データ」に記載。

※
庭植え・鉢植えとも育てる用土の状態や気温などによって必要な施肥量は異なるので、枝葉の茂り方などを見て量を調節する。

【鉢植え】
鉢の号数によって施す量を目安として施す。

※2
施肥量は各果樹の「鉢植えの管理作業」に記載。

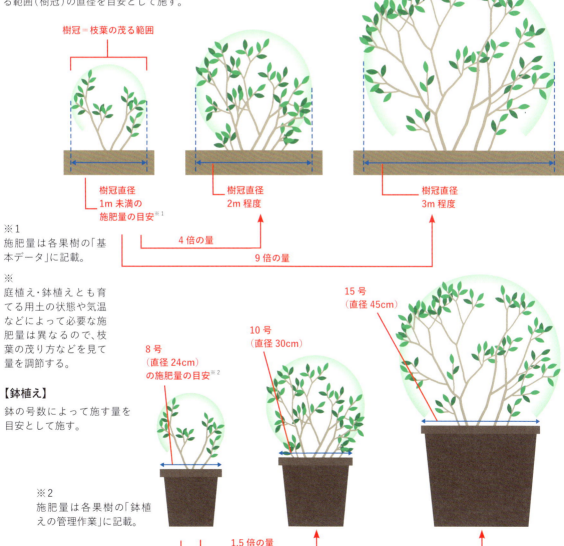

水やり（庭植え・鉢植え共通）

水やりは生育を左右する重要な管理です。失敗すると枯れる恐れもあるので、ポイントを押さえて適切な方法で管理しましょう。

庭植えの水やり

　庭植えは根の範囲が深くて広く、そのうえ雨も染み込むので、基本的には水やりは不要です。しかし、庭植えでも時期によっては水やりを怠ると枯れるか、果実が落ちてその後の実つきが悪くなる（水切れ）ことがあるので注意が必要です。

　土の状態を見て乾いたらたっぷり与えるのが基本ですが、雑草などが生い茂っていると適期を判断するのが困難です。枝葉がしおれたり、果実がやわらかくなったりするなど、水切れの兆候が発生してからでは遅いので、その前に水やりする必要があります。

　木の状態から判断するのが難しい場合には、7～8月に2週間ほど降雨がなければ、たっぷりと水やりするとよいでしょう。とくに根の乾燥に弱いブルーベリー、イチジク、ナシ、カキなどは注意が必要です。7～8月以外は原則として不要です。

　根の深さは樹齢や果樹の種類、土の状態によって異なりますが、浅くて50㎝程度、深いと3m程度あります。深層部まで水を行き渡らせるには打ち水程度の水やりでは足りないので、たっぷりと与えます。一般的には1㎡当たり20～30Lが目安です。水道の水圧を一定にして、容量がわかっているバケツなどがいっぱいになるまでの時間を目安とすると、与える水量を把握できます。

水切れ

写真は水切れして葉がしおれたイチジク。とくに根が乾燥に弱いブルーベリー、イチジク、ナシ、カキなどは注意が必要です。

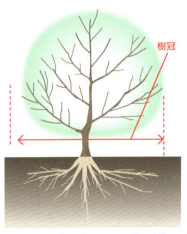

水やりの範囲

樹冠

一般的には枝が茂っている範囲（樹冠／じゅかん）の地下部に根が多く張っているので、樹冠の下の範囲を中心に、少し広めに水やりをする。まんべんなく水が行き渡るよう、少しずつ水をやる位置を移動させる。

鉢植えの水やり

　庭植えに比べて根の量が少なく乾きやすいので、どんな果樹でも全く水やりしないと枯れてしまいます。

　鉢土（はちつち）の表面が乾いたらたっぷりとやるのが基本です。頻度としては、春と秋は2～3日に1回、夏は毎日、冬は7日に1回が目安となりますが、あくまで植物や鉢土の状態を観察しながらやりましょう。

　庭植えと異なり、株ごとの目安の水量はとくに決まっていませんが、鉢底から水が流れ出るまでたっぷりとやります。

　水やりには水の補給以外に、土のなかの空気や養分を交換する目的もあるので、十分な量の水をやる必要があります。

鉢植えの水やり

鉢土の表面が乾いたら、鉢底から水が流れ出るまでたっぷりと水やりする。枝葉や果実に水がかからないように、株元の鉢土に向かって何回かに分けて水やりするのがポイント。

鉢の置き場（鉢植え）

果樹は日当たりや風通しなどの置き場の環境次第で、生育状況が大きく変化します。
季節や時間帯などを考慮した場所を選びましょう。

春～秋の置き場

　本書で扱っている果樹のすべてが日当たりを好み、少しでも長く日光が当たることで、実つきや果実の品質がよくなります。そのため、なるべく直射日光が長く当たる場所に鉢植えを置くのが理想的です。季節や時間帯に合わせて置き場を移動させることが、丈夫な木を育てる第一歩となります。

　病気を発生させないためには、枝葉や果実に雨を当てないようにすることがとくに重要です。そのため、鉢植えは日当たりのよい軒下などの雨の当たらない場所に置くとよいでしょう。軒下の日当たりが悪い場合は日当たりのよい場所に置きますが、梅雨や秋雨の時期だけでも軒下に移動させることで病気の発生を抑えることができます。

　風通しがよいと湿度が下がる傾向にあり、病気の発生が抑えられます。また、風が当たることでアブラムシ類などの害虫が枝などにとどまることが難しくなり、その発生も抑えることができます。

　病害虫の発生に困っている場合は、風通しのよい場所に移動させると一定の効果があります。

冬の置き場

　果樹ごとに冬の寒さに耐えられる気温「耐寒気温（8ページ）」の目安が明らかにされています。

　寒さに弱い常緑果樹や熱帯果樹を育てている場合は、居住地の最低気温が育てている耐寒気温よりも下がるのであれば、室内などの暖かい場所に取り込むとよいでしょう。

　寒さに強い落葉果樹を育てている場合は、室内などの常に暖かい場所（約7℃以上）で冬越しさせると、正常な休眠ができずに翌春になっても開花しないことがあります（眠り症）。そのため、寒冷地で落葉果樹を屋内に取り込む必要がある場合は、常に7℃以上にならない場所で冬越しさせる必要があります。

　居住地の最低気温と育てている果樹の耐寒気温がほぼ同じ場合は、寒冷紗で覆い、鉢を二重（二重鉢）にかぶせるような防寒対策をとれば、寒さに耐えることができます。

春～秋の置き場

軒下で日当たりもよい場所が、春から秋の鉢植えのベストポジション。風通しがよいとさらによい。

冬の置き場

【屋外で冬越しさせる場合】
居住地の最低気温と育てている果樹の耐寒気温がほぼ同じ場合は、地上部を寒冷紗で巻き、地下部は鉢を二重にして寒さから守る。

【屋内で冬越しさせる場合】
居住地の最低気温が育てている耐寒気温よりも下がるのであれば、室内などの暖かい場所に鉢植えを取り込む。常緑果樹や熱帯果樹は、冬でも光合成をしているので、屋内の窓際などの日当たりのよい場所に置く。また、枝葉の乾燥を防止するため、エアコンなどの風が直接当たらない場所を選ぶ。

病害虫の予防と対策（庭植え・鉢植え共通）

楽しみにしていた収穫が、病害虫によって台無しにならないように、予防と対策をとりましょう。家庭での栽培において、病害虫を気にしすぎないことも重要です。

予防のポイント①
丈夫な木に育てる

多少の病害虫の被害にあっても枯れない丈夫な木に育てることが重要です。冬の剪定や誘引を適切に行い、日当たりや風通しをよくして予防します。

また、肥料の不足はもちろんですが、肥料（とくにチッ素）をやりすぎると、枝葉が軟弱になって病気が多発しやすいので注意します。

【予防のポイント①】
ウメの新梢の間引き。日当たりや風通しをよくするとアブラムシ類やカイガラムシ類などが発生しにくくなる。

予防のポイント②
水がかからないように

病気の多くはカビの仲間（糸状菌）が原因となるので、雨が枝葉や果実にかかると病原菌が感染・増殖しやすくなります。鉢植えにして雨の当たらない場所に置いたり、果実だけでも果実袋をかけて守ったりすることで病気の発生を抑えます。

また、水やりの際には枝葉や果実に水がかからないように、株元に向かって水をやりましょう。

ただし、ハダニ類（47ページ）などの害虫やほこりを洗い流す目的で枝葉に水をかける葉水は、水がすぐに乾く晴天時に行えば問題ありません。

【予防のポイント②】
ブドウの袋がけ。黒とう病（167ページ）などの病気が発生しにくくなるだけでなく、小鳥や日焼けからも守ることができる。

予防のポイント③
枯れ枝や落ち葉などを処分する

病原菌や害虫のなかには、枯れ枝や落ち葉などで越冬するものがいます。そのため、剪定時に枯れ枝を切り取り、落ち葉を拾い集めることは病害虫の防除につながります。

また、カキに発生するカキノヘタムシガ（77ページ）のように太い幹の樹皮で越冬する害虫もいるので、冬に草刈りガマなどで樹皮を削るのも効果的です（粗皮削り）。

【予防のポイント③】
レモンの枯れ枝。黒点病などの病原菌が潜んでいる可能性があるので、切り取る。

予防のポイント④
よく観察する

なるべく早く異変に気づいて、手遅れになる前に対処するには、日頃から木をよく観察することが重要です。アブラムシ類などは葉の裏側を、カミキリムシ類の幼虫は株元付近の幹をよく観察しましょう。

【予防のポイント④】
カキの葉の裏についたツノロウムシ（カイガラムシ類）。葉の表だけでなく、葉の裏側なども確認して被害の拡大を未然に防ぐ。

対策①
まずは病害虫の名前を特定する

病害虫の名前がわからなければ、有効な対策をとることができません。本書の各果樹の病害虫の写真や専門書、インターネットなどを参考にして、病害虫の名前を特定しましょう。なかには生理障害といって、病害虫以外が原因となる場合もあります。

対策②
手などで取り除く

害虫のうち、発生が少ない場合は割り箸などを使って取り除くのが効果的です。害虫が小さい場合は水で洗い流すのもよいでしょう。

周囲に感染が広がる病気の場合は、発生初期であれば感染部位を取り除くと感染の拡大を抑えることができます。ただし、葉を取りすぎると木が傷むので、感染が広範囲に及んだ場合は、薬剤の散布などを検討したほうがよいでしょう。

対策③
薬剤を散布する

今まで解説した予防や対処法を試しても、毎年のように病害虫が発生し、手に負えない状況になるのであれば、薬剤の散布が非常に効果的です。

①で病害虫の名前を特定したら、園芸店などに出向き、薬剤の箱やラベルの裏面に記載された情報を確認します。どんな薬剤でも作物名(果樹名)と適用病害虫名が必ず明記されているので、自身が育てている果樹名と病害虫の名前が記載された薬剤を購入します。最近ではインターネットでこれらの適用が確認でき、購入もできます。

散布する際には、自身が薬剤を浴びないように長袖、長ズボン、ゴーグル、マスク、手袋、帽子などを着用しましょう。

【対策①】

病害虫を発見したらまずは、名前を特定する。写真はアブラムシ類。虫によっては、素手で触れると痛い思いをするものもいるので、対処法も含めて調べることが重要。

【対策②】

レモンの枝についたヤノネカイガラムシ(カイガラムシ類)を歯ブラシでこすり落とすところ。

【対策③】

作物名	適用病害虫名	希釈倍数	使用時期	総使用回数※	使用方法
果樹類	アブラムシ類、ハダニ類、うどんこ病	原液	収穫前日まで	—	散布
野菜類 豆類(種実) いも類	アブラムシ類 コナジラミ類 ハダニ類 うどんこ病				
とうもろこし	ムギクビレアブラムシ				
ごま	アブラムシ類				
花き類・観葉植物	アブラムシ類 コナジラミ類 ハダニ類 うどんこ病		発生初期		

上記の薬剤(商品名：ベニカマイルドスプレー※)は、アブラムシ類やハダニ類、うどんこ病(枝や葉などにうどん粉のようなカビが広がる)においては、すべての果樹に対して農薬登録がされており、使用できる。

ラベルの表示(例：ベニカマイルドスプレー)
※2017年7月時点。

生理障害とは

生理障害とは、養分の過不足や天候不順(日射、気温、降水量など)などが原因となり、植物自身の生育が不良になって発生する障害のことです。果樹ではおもに養分の過不足、寒さで障害が出る寒害(冷害)、日焼け、果実が割れる裂果などが発生します。

キウイフルーツの日焼け。高温で強い日差しを浴びると果実がへこむ。

おもな病気と防除

病気名	発生時期	発生しやすい果樹	特　徴	防　除
赤星病（あかほしびょう）	4〜9月	ナシ、リンゴ	葉の裏に毛のようなもの（毛状体）が発生する。毛状体は徐々になくなるが、周囲が黒く変色してひどいと落葉する。ナシとリンゴの病原菌は異なる。	発生初期に被害部位を取り除いて処分する。病原菌の越冬場所となるビャクシン類を周囲に植えない。殺菌剤の散布も効果的。
かいよう病	4〜10月	ウメ、柑橘類、キウイフルーツなど	枝葉や果実にコルク状の斑点ができる。発生が多発した葉は落ちる。果実の傷は果肉に達することもある。病原菌は果樹によって異なる。	発生初期に発生した部位を切り取る。傷口から侵入しやすいので、傷の原因となるとげをハサミでこまめに切り取る。
黒点病（こくてんびょう）	6〜9月	柑橘類	枝葉や果実の表面に黒い小さな斑点が発生し、ザラザラになる。とくにキンカンは発生しやすく、夏ミカンはしにくい。	発生初期に被害部を取り除いて処分する。雨が当たると発生しやすいので、鉢植えはなるべく軒下などに置く。庭植えは剪定で日当たりや風通しをよくする。
縮葉病（しゅくようびょう）	4〜9月	ウメ、モモなど	葉に火ぶくれ状の縮れた斑点が生じる。赤色に変色する点や脱皮あとがないのが、アブラムシ類と区別するポイント。病原菌は果樹によって異なる。	萌芽前の冬に登録のある薬剤を散布するのが、もっとも効果的。
すす病（びょう）	5〜10月	多くの果樹	果実や枝葉の表面が黒く汚れる。アブラムシ類やカイガラムシ類の排泄物などにカビが生えることで発生する。病原菌は果樹によって異なる。	被害部位は取り除く。発生源であるアブラムシ類などの害虫を見つけ次第、捕殺する。剪定などで日当たりや風通しをよくする。
炭そ病（たんそびょう）	5〜11月	オリーブ、カキ、リンゴなど	果実や葉に茶褐色の病斑が発生し、深くくぼんで黒色に変色する。成熟が進むと果実は腐り、葉は落葉することもある。病原菌は果樹によって異なる。	被害果は見つけ次第、取り除く。剪定を徹底して日当たりや風通しをよくすると発生しにくい。
灰星病（はいほしびょう）	5〜9月	サクランボ、スモモ、モモなど	収穫直前の果実に褐色の斑点が発生し、やがて果実全体に灰色の胞子のかたまりがおおって腐る。最後には果実がミイラ化する。病原菌は果樹によって異なる。	被害果は見つけ次第、取り除く。雨が当たると発生しやすいので、庭植えは摘果後に袋がけをする。鉢植えはなるべく軒下などに置く。ミイラ化した果実を残すと翌年にも影響が出るので注意が必要。
斑点病（はんてんびょう）	4〜10月	多くの果樹	葉や果実に褐色〜赤色・紫色の斑点が発生する。ひどいと落葉することもある。果実に感染するとカビが生えて収穫できない。病原菌は果樹によって異なる。	発生初期に被害にあった葉や果実を取り除く。庭植えは摘心や剪定などを行って風通しをよくする。鉢植えはなるべく雨の当たらない軒下などに置く。

かいよう病

炭そ病

斑点病

おもな害虫と防除

害虫名	発生時期	発生しやすい果樹	特徴	防除
アザミウマ類（スリップス）	5〜10月	多くの果樹	チャノキイロアザミウマなどのアザミウマ類が開花期から幼果期の果実のヘタに沿って吸汁し、あとが残る。	果樹の木の樹皮の割れ目や落ち葉の下などで越冬することがあるので、冬に樹皮を削って落ち葉を処分する。殺虫剤の散布も効果的。
アブラムシ類	5〜9月	多くの果樹	果樹ごとに違うアブラムシが若い枝葉を吸汁する。周囲の葉を汚すすす病を併発することもある。	とくに若い枝葉を注意深く観察し、見つけ次第、捕殺するか登録のある殺虫剤を散布する。
カイガラムシ類	5〜11月	多くの果樹	枝を吸汁する。周囲の葉を黒く汚す、すす病を併発することもある。	見つけ次第、歯ブラシなどでこすり落とす。剪定などで日当たりや風通しをよくする。冬のマシン油乳剤の散布も効果的。
カミキリムシ類	6〜9月	多くの果樹	成虫が株元付近の幹をかじって産卵し、その後ふ化した幼虫が木くずを出しながら幹を食害する。枯死に至る場合も多い。	成虫は見つけ次第、捕殺する。株元付近を観察し、幼虫が出す木くずを見つけたら、穴に針金を差し込むなどして捕殺する。
コガネムシ類	4〜11月	多くの果樹	成虫は葉を網目状に食い荒らし、幼虫は根を食害する。鉢植えで幼虫が発生すると木が枯れることもある。	成虫は見つけ次第、捕殺する。鉢植えは植え替え時に幼虫を探して捕殺する。
シンクイムシ類	4〜10月	多くの果樹	枝や果実のなかにガの幼虫が侵入して食い荒らす。果実のお尻の部分（果梗の反対側）に腐りや糞がある場合は、幼虫がなかにいる場合が多い。	見つけ次第、捕殺する。果実に果実袋をかぶせて防ぐ。
ハマキムシ（ハマキガ）類	4〜10月	多くの果樹	ガの幼虫が果実や枝葉などを食害する。周囲に黒くて丸い糞や白い糸が残っているので、見分けることができる。	とくに若い葉や果実をよく観察し、見つけ次第、捕殺する。
ハモグリガ類	6〜9月	柑橘類、モモなど	ガの幼虫が若い枝葉の内部にもぐり、白い筋を残しながら食害する。別名エカキムシ。	発生が軽ければ気にしなくてもよい。大抵、被害に気づく頃には飛び去っており、果実には影響がないため、被害部を取り除く必要はない。

アブラムシ類

カイガラムシ類

コガネムシ類

必要な道具（庭植え・鉢植え共通）

果樹の栽培に必要な道具はそれほど多くはありません。はじめに「必須の道具」をそろえて、余裕ができたら「あると便利な道具」の購入を検討しましょう。

必須の道具

剪定バサミ
枝や根、果実などを切る際に利用する。

剪定ノコギリ
枝や根を切る際に使用する。

ガーデングローブ
土などの汚れやとげなどから手を守る。

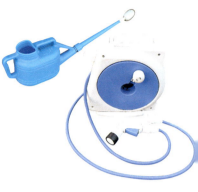

ジョウロ・散水ホース
水やりの際に使用する。

シャベル（庭植え）
植えつけの際に土を掘り起こす。

移植ゴテや土入れ（鉢植え）
植えつけの際に、鉢に用土を入れる。

鉢やプランター（鉢植え）
鉢植えで苗木を植えつける。

癒合促進剤（切り口癒合剤）
剪定後の枝の切り口に塗って、病原菌の侵入や枯れ込みなどから守る。

あると便利な道具

摘果バサミ
摘果をするのに適したハサミ。

麻ひも、紙ひも、ビニールタイなど
支柱や棚などに枝を固定する。

絵筆
人工授粉の際に使用する。

果実袋
果実にかけて病害虫から守る。

Part 2

果樹の育て方

人気がある果樹や注目の果樹を
25種ピックアップして解説します。
果樹ごとに育て方のポイントが
異なるので、理解してから
栽培にのぞみましょう。

アーモンド

|バラ科モモ属|　難易度 ふつう

　普段おつまみなどで食されるアーモンドは、果実のなかにある核（内果皮／22ページ）を割って、取り出したタネ（種子）の部分です。そのほぼすべてが輸入品ですが、家庭でも栽培が可能で鉢植えにも向きます。
　日本で入手できる品種の'ダベイ'は苗木1本では受粉しにくいので、近縁種のモモの花を使って人工授粉をします。果実が割れたら収穫し、核からタネを取り出します。剪定では樹高をコンパクトにします。

栽培のポイント
- 受粉樹としてモモを植え、人工授粉する
- 果実が割れるか落ちはじめたら収穫
- 果実がつきやすい短果枝を残す

基本データ

形態：落葉高木　　受粉樹：必要（受粉樹にはモモを使用）
仕立て：開心自然形仕立て（ほかに変則主幹形仕立てなど）
耐寒気温：−15℃（詳細は不明）
とげ：無　　　　土壌pH：5.5～6.5（詳細は不明）
施肥量の目安（樹冠直径1m未満）：
元肥（3月）油かす 130g
追肥（5月）化成肥料 30g
礼肥（9月）化成肥料 30g

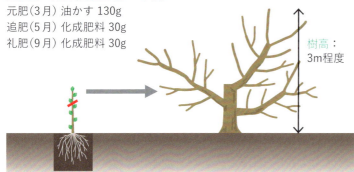

棒苗から結実まで：3～5年程度

COLUMN

受粉樹はモモでよい

　欧米では'ノンパレル'や'カーメル'などの多くの品種が栽培され、これらの品種の食用のタネが日本に向けて輸出されています。しかし、苗木として国内で出回っている品種は少なく、ラベルに「アーモンド」としか記入していないものが多いです。そのため、受粉樹には近縁種のモモを使用しましょう（182ページ）。

'ダベイ'の核　　'ノンパレル'の核

おもな品種

品種名	自家結実性	収穫期 7月	収穫期 8月	収穫期 9月	特徴
ダベイ	弱～中		■	■	国内で苗木が安易に入手できる品種。核は堅めで果実重230g。

※自家結実性 → 苗木1本でも実つきがよい性質

栽培カレンダー

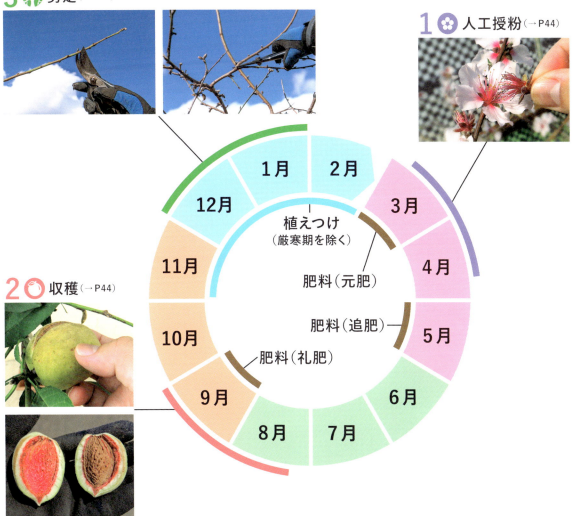

3 剪定（→P45）

1 人工授粉（→P44）

2 収穫（→P44）

- 植えつけ（厳寒期を除く）
- 肥料（元肥）
- 肥料（追肥）
- 肥料（礼肥）

鉢植えの管理作業

大木になりやすいが、鉢植えだとコンパクトな木に仕立てられる。近くにモモの鉢植えを置き、開花期に人工授粉させるとよい。

樹高 1.5m程度

水やり
鉢土の表面が乾いたらたっぷり

肥料〔8号鉢（直径24cm）〕
元肥（3月）→油かす 20g
追肥（5月）→化成肥料 8g
礼肥（9月）→化成肥料 8g

仕立て方
開心自然形仕立て（写真）、変則主幹形仕立て

棒苗から結実まで 2〜4年程度

置き場
春〜秋：日当たりがよくて、雨の当たらない軒下など
冬：屋外（−15〜7℃程度）。日当たりや雨は問わない

用土
市販の「果樹・花木用の土」。なければ「野菜用の土」：鹿沼土小粒＝7：3。鉢底には鉢底石を3cm程度敷き詰める

Part 2 | 果樹の育て方　アーモンド　43

作業

1 人工授粉

3月中旬〜4月中旬

重要度：★★★

目的

毎年のように実つきが悪い場合には、人工授粉をします。アーモンドのほかの品種が入手困難な場合は、近縁種のモモを受粉樹とします。モモの品種を選ぶ際には花粉の多少にも留意します（182ページ参照）。

アーモンドの花／モモの花

モモの花を摘んで、アーモンドの花にこすりつける。花弁を取り除くと受粉しやすい。

---

2 収穫

8月中旬〜9月

重要度：★★★

方法

いくつかの果実が割れはじめるか、果実が落ちはじめたら、一斉に収穫します。果肉のなかのタネを食べます。

1　果実が割れるのが収穫時期の目安。いつまでたっても割れない果実もある。その場合、果実が落ちはじめるのも目安となる。果実を上に持ち上げて収穫する。

2　果肉を取り除いて核を出す。果肉は甘味が少なくて生食には不向き。

核（内果皮）

3　ペンチやハンマーなどを使用して、核を割る。'ダベイ'は核がとても硬いので食用部分のタネを傷つけないようにする。乾燥後、好みに応じてフライパンなどで炒って塩味をつけてもよい。

3 剪定 12月〜1月 重要度：★★★

❶ 骨格となる枝の先端を間引く
木の高さや横への広がりを抑えたり、さらにコンパクトにしたい場合は、何本かの枝をまとめて切り取る。

❸ 残った枝の先端を切り詰める
残った枝の先端を1/4程度切り詰める。

❷ 不要な枝を間引く
交差枝や徒長枝、胴吹き枝、混み合った枝などの不要な枝をつけ根で間引く。

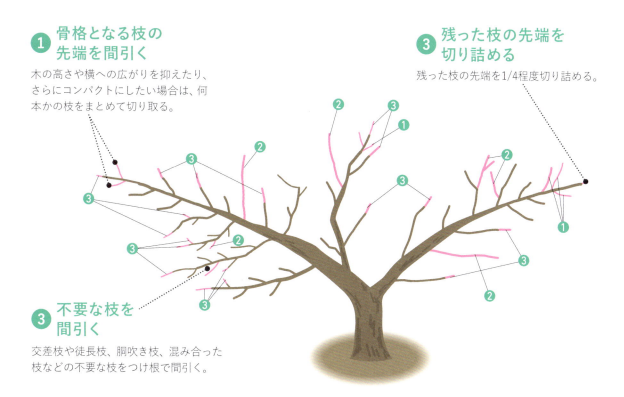

理解してから切ろう！
果実がなる位置と枝の切り詰め方

- 花芽の種類：純正花芽（ひとつの花芽から1花が咲く）
- 花芽と葉芽の区別：外見でつきやすい
- 花芽がつく位置：枝の全域
- 果実がなりやすい位置：短果枝や中果枝

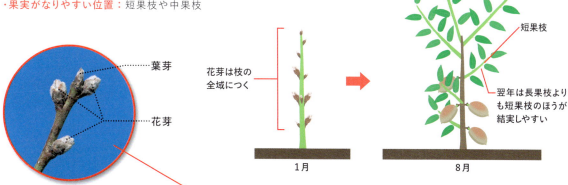

花芽のつき方や剪定方法は、基本的にはモモ（182ページ）と同様です。枝の長さにかかわらず結実しますが、20cm以下の短果枝や中果枝に花芽が多くつきやすく、実つきがよい傾向にあります。短果枝や中果枝を多く発生させるには、剪定時に残った枝の先端を1/4程度切り詰めると効果的です。

❶ 骨格となる枝の先端を間引く

全体をコンパクトにする場合は、枝の分岐部まで切り戻します。その後、主枝や亜主枝の延長線上にまっすぐ伸びる長果枝を1本と周囲の枝を1本残します。

切る幹の長さは50cm以内にする

全体をコンパクトにする際は、1年で切り取る幹（前シーズン以前に伸びた枝）の長さを50cm以内にすると、剪定後に徒長枝が多発したり、実つきが悪くなったりしにくい。

---

❷ 不要な枝を間引く

交差枝や徒長枝、胴吹き枝、混み合った枝などの不要な枝をつけ根で間引きます。とくに太くて真上に伸びる徒長枝は、樹形を乱す可能性があるので切り取ります。実つきのよい短果枝や中果枝(20cm以下)は残すように心がけます。

徒長枝

短果枝や中果枝（20cm以下）はできるだけ残す

真上に伸びる太い徒長枝は樹形を乱すので、なるべく間引く。つけ根から切り取る。

Check

ひもで誘引する

ひもなどを使って枝を斜め～横向きになるように誘引すると、実つきがよくなって翌年のための花芽もつきやすくなります。ひもの先端は幹などに結びつけます。

❸ 残った枝の先端を切り詰める

残った枝の先端を1/4程度切り詰めて、若い枝の発生を促します。先端の芽が葉芽になるような場所で切ることで、先端が枯れこむのを防ぐことができます。

1/4程度切り詰める

1

残った枝の先端は1/4程度切り詰める。ただし、5cm以下の枝は切り詰めない。
↓

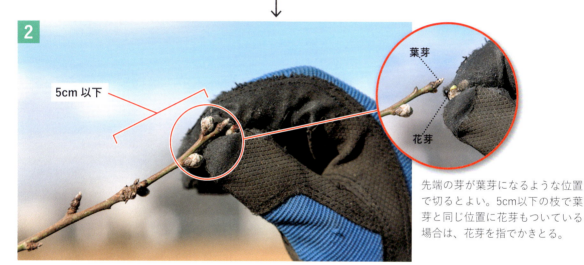

2

5cm以下

葉芽
花芽

先端の芽が葉芽になるような位置で切るとよい。5cm以下の枝で葉芽と同じ位置に花芽もついている場合は、花芽を指でかきとる。

病害虫と生理障害

虫 ハマキムシ類
発生：4〜10月
特徴：ガの幼虫が果実や枝葉などを食害する。周囲に黒くて丸い糞や白い糸が残っているので見分けることができる。
防除：とくに若い葉や果実をよく観察し、見つけ次第、捕殺する。

虫 ハダニ類
発生：4〜11月
特徴：カンザワハダニやミカンハダニが葉を吸汁して、葉の緑色が白く抜ける（写真）。成虫でも1mm以下なので赤い点にしか見えない。
防除：水を嫌うので、晴天時に水で洗い流すと一時的に発生が減少する。剪定などで日当たりや風通しをよくする。

障 樹脂病
発生：6〜10月
特徴：幹や枝、果実などから透明のヤニが吹き出す。果実に発生した場合はヤニ果と呼ぶことも。
防除：何らかの傷から樹液や果汁が出ることによって発生するので、病害虫、日焼け、寒害、干ばつなどによる傷の発生を防ぐ。発生が少量であればとくに影響はない。

イチジク

|クワ科イチジク属|　難易度 ふつう

　原産地はアラビア半島の南部で、落葉果樹のなかでは寒さに弱いので注意が必要です。また、根が乾燥に弱いため、夏は降雨が2週間ほどなければ庭植えでも水やりする必要があります。中性付近の土を好みます。
　植えつけ後に仕立てますが、樹高を高くしない場合は一文字仕立て、たくさん収穫したいか夏果を収穫したい場合は変則主幹形仕立てがおすすめです。収穫と剪定以外の作業は、それほど重要ではありません。

栽培のポイント
- 育てている品種のタイプを知る
- 低樹高にするなら一文字仕立て
- 夏果を収穫するなら枝を切り詰めない

基本データ

形態：落葉高木　　受粉樹：不要
仕立て：一文字仕立て・変則主幹形仕立てなど
耐寒気温：−10℃
とげ：無　　　　土壌pH：6.0〜7.0
施肥量の目安(樹冠直径1m未満)：
元肥(2月) 油かす 150g
追肥(6月) 化成肥料 45g
礼肥(10月) 化成肥料 45g

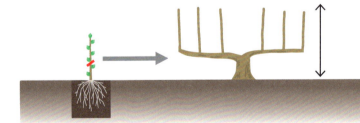

樹高：2m程度
（一文字仕立て）

棒苗から結実まで：2〜4年程度

COLUMN

タイプは3つ

　現在、30以上の品種が国内に流通していますが、夏果専用種、夏秋果兼用種、秋果専用種の3つのタイプに大別できます。52ページでそれぞれ解説しますが、各タイプの性質に合った仕立て方や剪定方法をしないと、思うように収穫できないので注意しましょう。

夏秋果兼用種'バナーネ'

おもな品種

品種名	タイプ	6月	7月	8月	9月	特徴
ビオレ・ドーフィン	夏果専用種		夏果			果実重150gで大果。果皮は紫色で食味良好。
バナーネ	夏秋果兼用種		夏果	秋果		夏果160g、秋果110gで、極大果となることもある。ねっとりとした歯ごたえ。
桝井ドーフィン	夏秋果兼用種		夏果	秋果		夏果150g、秋果100gの大果。果実として流通している大半が本品種。
蓬莱柿 (早生日本種)	秋果専用種				秋果	果実重70gで小果だが、独特の風味が人気。晩生で成熟しにくいので温暖地向き。

栽培カレンダー

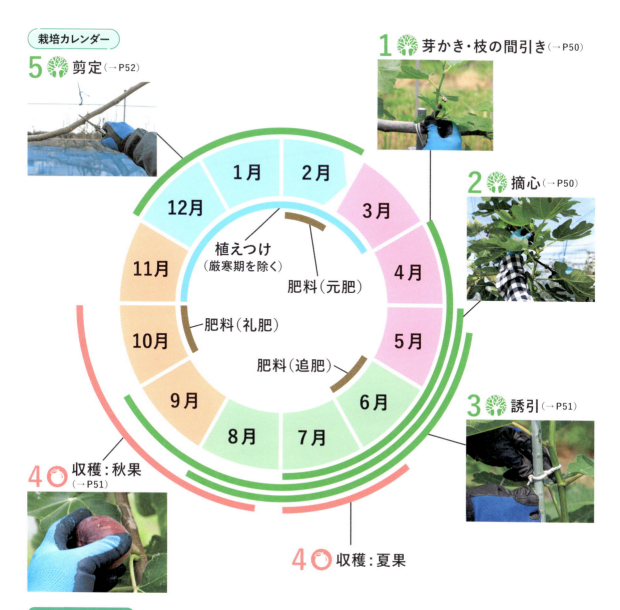

1 芽かき・枝の間引き（→P50）
2 摘心（→P50）
3 誘引（→P51）
4 収穫：夏果
4 収穫：秋果（→P51）
5 剪定（→P52）

植えつけ（厳寒期を除く）
肥料（元肥）
肥料（追肥）
肥料（礼肥）

鉢植えの管理作業

鉢植えにおいても、さまざまな仕立てが可能なので、品種の性質に応じて選ぶ。

樹高 1.5m程度

水やり
鉢土の表面が乾いたらたっぷり。水切れすると果実が落ちて、数年間実つきが悪くなるので注意

肥料〔8号鉢（直径24cm）〕
元肥（2月）→油かす 30g
追肥（6月）→化成肥料 10g
礼肥（10月）→化成肥料 10g

仕立て方
変則主幹形（写真）、
一文字仕立て

棒苗から結実まで 1〜3年程度

置き場
春〜秋：日当たりがよくて、
　　　　雨の当たらない軒下など
冬：屋外（−10〜7℃程度）。
　　日当たりや雨は問わない

用土
市販の「果樹・花木用の土」。なければ「野菜用の土」：鹿沼土小粒＝7：3を混ぜ、苦土石灰を一握り（30g程度）混ぜ込む。鉢底には鉢底石を3cm程度敷き詰める

Part 2 果樹の育て方 イチジク

作業

1. 芽かき・枝の間引き

4月〜7月

重要度：★★☆

目的

同じ場所から複数の枝が発生すると、各枝が細く弱い枝となるため、長く伸びる前に摘み取ります。
また、剪定時に短く切った枝や株元からは、新しい枝が発生して風通しが悪くなるので間引きます。

前：一文字仕立ての剪定で短く切り詰めた枝の芽かき前。2本の枝が発生しているので勢いのよいほうを1本残して摘み取る。

後：枝から流れ出る白い樹液が肌に触れると、かぶれることもあるので手袋などをはめて作業する。

前：枝の間引き前。地際からひこばえが伸びた場合はすべて間引く。ひこばえ以外にも混み合った枝があれば間引く。

後：枝の間引き後。株元がすっきりして風通しがよくなった。

---

2. 摘心

5月〜9月

重要度：★☆☆

目的

枝が伸びすぎると養分をロスするほか、日当たりや風通しが悪くなるため、摘心します。

変則主幹形仕立てなどは15節程度で切る

一文字仕立ては2m程度の高さ、そのほかの仕立ては、各枝とも15節(葉15枚)程度で摘心する。芽かきなどと同じく、白い樹液に触れないように注意する。

3 誘引

5月中旬～8月

重要度：★★☆

目的

おもに一文字仕立てで必要な作業です。伸びた枝が風などで折れないように、支柱を立てて支えます。

支柱などを設置して、枝が重ならないようにバランスよく配置してひもなどで固定する。

---

4 収穫

6月下旬～7月、8月中旬～10月

重要度：★★★

方法

果実の全体が色づいたら順次収穫します。夏果は6月下旬～7月、秋果は8月中旬～10月に収穫適期を迎えます。

収穫適期：未熟／適熟／過熟

夏は成熟が早く進むので、なるべく適熟の果実を収穫できるように頻繁に果実の色づき具合をチェックするとよい。

果実を軽く握り、上に持ち上げると収穫できる。枝と同じく白い液が流れ出るので、触れないように注意する。

Check

- 翌年用の夏果の花芽になる
- 収穫できない可能性がある

10月以降に先端付近についた果実は、温度不足のため緑色のまま収穫できない場合があります。

| Part 2 | 果樹の育て方　イチジク　51

5 剪定 12月～2月

重要度：★★★

> 理解してから切ろう！

果実がなる位置と枝の切り詰め方

1 夏果専用種

- 花芽の種類：純正花芽（ひとつの花芽から1花が咲く）
- 花芽と葉芽の区別：外見でつきやすい
- 花芽がつく位置：枝の先端付近
- 果実がなりやすい位置：枝の先端付近

前年に伸びた茶色の枝に直接、結実します。先端付近の数個の花芽(小さな果実)が越冬し、6月下旬～7月頃に収穫します。夏果専用種は夏果しかつかず、秋果はほぼつきません。
短い枝は切らずに残して収穫用の枝とします。長い枝は切り詰めて、翌年以降に結実させる若い枝を発生させます。

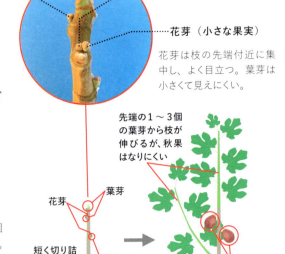

2 秋果専用種

- 花芽の種類：純正花芽（ひとつの花芽から1花が咲く）
- 花芽と葉芽の区別：外見でつきにくい
- 花芽がつく位置：新梢の葉のつけ根
- 果実がなりやすい位置：新梢の葉のつけ根

春～夏に発生した緑色の新しい枝(新梢)の葉のつけ根に連続的に結実し、8月中旬～10月中旬頃に収穫する果実です。夏秋果兼用種との区別は明確ではありませんが、秋果専用種は夏果が非常につきにくい傾向にあります。
新しく伸びる枝（新梢）が伸びながら花芽がつくられるので、剪定時に短く切り詰めても結実します。

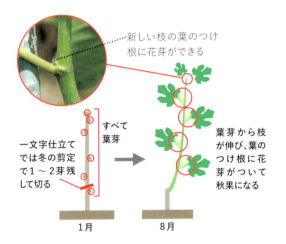

3 夏秋果兼用種

- 花芽の種類：純正花芽（ひとつの花芽から1花が咲く）
- 花芽と葉芽の区別：外見でつきやすい（夏果部分）
- 花芽がつく位置：夏果は枝の先端付近、秋果は葉のつけ根
- 果実がなりやすい位置：夏果は枝の先端付近、秋果は葉のつけ根

夏果と秋果が両方結実するタイプです。
夏果と秋果の両方を収穫したい場合は、変則主幹形仕立てにして夏果専用種と同様の剪定を行うとよいでしょう。
収穫が秋果だけでよく、低樹高に仕立てたい場合は、一文字仕立てにして、秋果専用種と同じ剪定を行います。

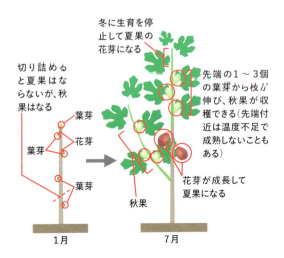

［一文字仕立て］秋果専用種・夏秋果兼用種限定

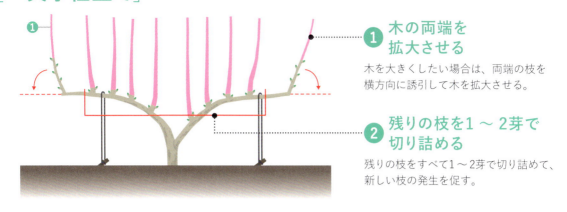

❶ 木の両端を拡大させる

木を大きくしたい場合は、両端の枝を横方向に誘引して木を拡大させる。

❷ 残りの枝を1〜2芽で切り詰める

残りの枝をすべて1〜2芽で切り詰めて、新しい枝の発生を促す。

---

❶ 木の両端を拡大させる

木の左右にスペースがあり、木を大きくしたい場合は、両端の枝を横方向に倒して主枝を拡大させます。
左右にスペースがない場合は、両端の枝についても❷の剪定を行います。

両端の枝の先端を1/2〜1/3程度切り詰める。切り詰めないと充実した枝が発生しない。

枝を水平ではなく10〜25度の角度をつけて誘引することで、先端まで枝が発生しやすい。両端の枝が直立している場合は、45度程度傾けて誘引し、半年ごとに少しずつ下げる。地面に打った杭などに誘引してもよい。

---

❷ 残りの枝を1〜2芽で切り詰める

新しい枝を出すために、不要な枝をすべてつけ根で切り取り、残った枝は1〜2芽を残して切り詰めます（秋果しか収穫できないので注意）。

葉芽

葉がついていた場所に葉芽がある。これを残して切り詰める

1〜2芽残してバッサリと切り詰める。残した葉芽からは翌年の春〜夏に新しい枝が発生し、伸びながら秋果用の花芽をつくり、葉のつけ根に果実がつく。

切り取った枝

［変則主幹形仕立て］すべての品種に対応

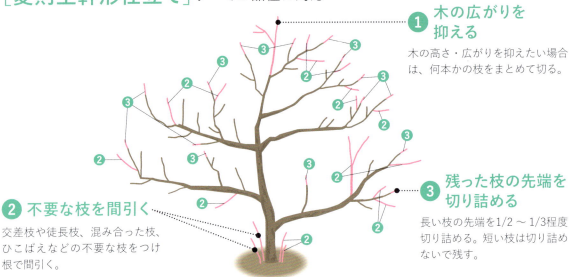

❶ 木の広がりを抑える
木の高さ・広がりを抑えたい場合は、何本かの枝をまとめて切る。

❷ 不要な枝を間引く
交差枝や徒長枝、混み合った枝、ひこばえなどの不要な枝をつけ根で間引く。

❸ 残った枝の先端を切り詰める
長い枝の先端を1/2〜1/3程度切り詰める。短い枝は切り詰めないで残す。

---

❶ 木の広がりを抑える

高さや横への広がりを抑えたい場合は、枝をまとめて切り取ります。
枝の切り残しがないように切るのがポイントです。

ノコギリなどを使って分岐部で切り、先端を止める。切り残しがないように分岐部で切るのがポイント。

※写真は厳密にいうとワイヤーに誘引したフェンス仕立て（エスパリエ仕立て）だが、地面に杭を打つなどしてひもで枝を誘引すれば、変則主幹形仕立てでも写真のような樹形に仕立てられる。

---

❷ 不要な枝を間引く

交差枝や徒長枝、ひこばえなどの不要な枝をつけ根で間引きます。全体の枝の量のうち、4〜5割の枝を切り取るのが目安です。

立ち木仕立てでは、ひこばえは樹形を乱すので、残らずつけ根で切り取る。

❸ 残った枝の先端を切り詰める

枝を切り詰めると夏果が収穫できない可能性があるので、30cm以上の枝だけ選んで切り詰め、短い枝は残します。生育によって枝の長短の基準は異なるので、30cmはあくまで目安とします。

Check
切り口には癒合促進剤を塗ります。イチジクは枝が太いので必須の作業。

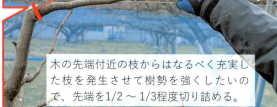

1/2〜1/3程度切り詰める

木の先端付近の枝からはなるべく充実した枝を発生させて樹勢を強くしたいので、先端を1/2〜1/3程度切り詰める。

剪定の前と後（変則主幹形仕立て）

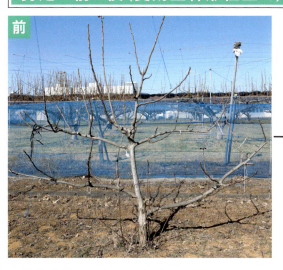
前

後

樹高を低くして、はしごがなくても手が届くようになった。5割程度の枝を切り取っている。

病害虫と生理障害

虫 カミキリムシ類

発生：6〜9月

特徴：成虫が株元付近の幹をかじって産卵し、その後ふ化した幼虫が木くずを出しながら幹を食害する。枯死に至る場合も多い。

防除：成虫は見つけ次第捕殺する。株元付近を観察し、幼虫が出す木くずを見つけたら、穴に針金を差し込むなどして捕殺する。

虫 カイガラムシ類

発生：6〜10月

特徴：フジコナカイガラムシなどのカイガラムシ類が枝を吸汁する。周囲の葉を黒く汚す、すす病を併発することもある。

防除：見つけ次第、歯ブラシなどでこすり落とす。剪定などで日当たりや風通しをよくする。冬のマシン油乳剤の散布も効果的。

障 裂果

発生：7〜10月

特徴：果実の先端が割れて、なかの果肉がむき出しになる。裂果するとコバエ類やアザミウマ類が発生して腐りやすい。

防除：土が乾燥した状態で雨が降ると発生しやすいので、土の状態が急に変化しないように定期的に水やりする。多肥も原因となるので注意。

ウメ

| バラ科アンズ属 | 難易度 ふつう

　ウメは古くから栽培され、暑さ寒さに強く、病害虫にも比較的強いため、庭木としても親しまれています。アンズやスモモとは近縁種で、これらとウメの交雑種などもあります。
　必須の作業は収穫と剪定だけですが、品質のよい果実を収穫するには多くの作業が必要です。実つきが悪い場合は人工授粉し、摘果で果実を間引き、摘心、枝の間引き、捻枝で枝を充実させましょう。

栽培のポイント
- 基本的には受粉樹が必要
- 枝が多く発生するので毎年必ず剪定する
- 短果枝を多く発生させるような剪定が重要

基本データ

形態：落葉高木　受粉樹：必要（品種による）
仕立て：開心自然形仕立て（ほかに変則主幹形仕立てなど）
耐寒気温：-15℃
とげ：無　　　土壌pH：5.5～6.5
施肥量の目安（樹冠直径1m未満）：
元肥（11月）油かす 150g
追肥（4月）化成肥料 45g
礼肥（6月）化成肥料 30g

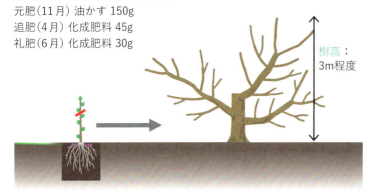

樹高：3m程度
棒苗から結実まで：3～5年程度

COLUMN

実ウメの品種を選ぶ

　ウメの品種は、花ウメと実ウメに大別できます。実ウメは花がシンプルで、実つきがよく、果実が大きい品種が多いです。一方、花ウメは花の色や形が多彩ですが、実つきが悪い品種が多いので、収穫するなら実ウメの品種から選びましょう。

花ウメの'八重唐梅'

おもな品種（実ウメ）

品種名	受粉樹	開花期 2月	開花期 3月	収穫期 5月	収穫期 6月	収穫期 7月	特徴
甲州最小（こうしゅうさいしょう）	不要	■	■	■			果実重8gと小果。別名甲州小梅。開花期や収穫期が早く、受粉樹が不要。
南高（なんこう）	必要		■		■		果実重25g。果皮が硬くて梅干しに向く。日光をよく浴びた果実は表面が赤く色づく。
豊後（ぶんご）	必要		■		■		果皮がやわらかく梅酒やジュースに向く。アンズの交雑種で果実重40gと大きい。
露茜（つゆあかね）	必要		■			■	果実重65gの大果。果皮や果肉が赤く、梅酒やジュースにするとほのかに色づく。スモモとの交雑種。

栽培カレンダー

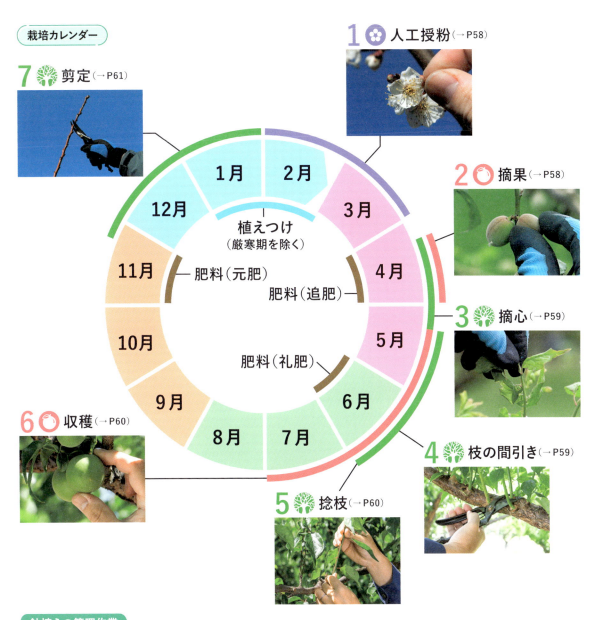

鉢植えの管理作業

開花期の近い2品種以上を別の鉢に植えつける。植えつけ方法については12〜15ページ参照。

樹高 1.5m程度

水やり
鉢土の表面が乾いたらたっぷり。
結実期の5〜7月や収穫後の夏にはほぼ毎日行う

肥料〔8号鉢（直径24cm）〕
元肥（11月）→油かす 30g
追肥（4月）→化成肥料 10g
礼肥（6月）→化成肥料 8g

仕立て方
変則主幹形仕立て（写真）、
開心自然形仕立てなど

棒苗から結実まで 2〜4年程度

置き場
春〜秋：日当たりがよくて、
　　　　雨の当たらない軒下など
冬：屋外（−15〜7℃程度）。
　　日当たりや雨は問わない

用土
市販の「果樹・花木用の土」。なければ
「野菜用の土」：鹿沼土小粒＝7：3。
鉢底には鉢底石を3cm程度敷き詰める

Part 2 | 果樹の育て方 ウメ　57

作業 👐

1 人工授粉

2月～3月

重要度：★★☆

目的
基本的には昆虫などが受粉するので、人工授粉は不要ですが、毎年実つきが悪い場合は手の届く範囲だけでも行います。

花粉を出す葯（やく）が開いた直後で花粉が豊富な花（128ページ）を選んで摘み取る。花弁を取り除くと受粉がしやすい。

摘んだ花とは別の木（品種）の花にこすりつける。1花で10～20個程度の花に受粉できる。

---

2 摘果

4月中旬～下旬

重要度：★☆☆

目的
果実を大きくする場合のみ、不要な果実を間引いて残した果実に養分を集中させます。果実が小さくてもよい場合は、摘果は不要です。

果実のついた枝の長さを基準に、1果当たり5cmが目安（35cmの枝なら7果残し、ほかを間引く。5cm未満の枝は1果残す）。

指で果実を摘み取る。傷ついた果実や小さい果実を間引き、大きくて無傷の果実を優先的に残す。

3 摘心

4月中旬～5月上旬

重要度：★☆☆

目的

日当たりや風通しをよくするのと同時に、枝に回るはずの養分を翌年の花芽に多くたくわえさせるのが目的です。

翌年果実をならせたい新しく伸びた枝（新梢）だけを選び、20㎝（葉が10～15枚）程度で摘心する。先端の長い枝は摘心しないで残し、冬に剪定する。

摘心をする際には、新梢の枝先を手で摘み取る。

---

4 枝の間引き

5月中旬～6月

重要度：★★☆

目的

発生した新梢が混み合って、日当たりや風通しが悪くなるのを防ぐために行います。

間引き後は枝にすき間ができ、風通し、日当たりがよくなる。間引きすぎないように注意。昨年以前に伸びた枝（茶色の枝）を夏に切ると切り口がふさがりにくく、枯れ込みや病原菌が入りやすいので切らない。この時期に間引くのは、新梢（黄緑色の若い枝）だけにする。

枝葉が触れ合う場所の新梢をつけ根で間引くが、あくまで冬の剪定の補助なので、軽く間引く程度にする。

昨年以前に伸びた茶色の枝は切らない

5 捻枝(ねんし)

5月中旬～6月

重要度：★☆☆

目的

捻枝をすることによって、新梢の向きを変え、枝の混み合いを避けて、空いた空間に枝を配置することができます。枝の伸びを抑える効果もあります。

なるべく新梢の根元を両手で支える。とくに下側の手はしっかりと固定する。

上側の手で新梢をねじる。下側の手が固定されないと新梢が根元で折れるので注意。

何度もねじって、枝の一部をやわらかくする。

両手を離しても新梢が横向きの状態を維持できれば成功。

---

6 収穫

5月上旬～7月中旬

重要度：★★★

方法

手で軽く支えるように持ち、上に持ち上げると果実がはずれ、収穫できます。ウメの果実の利用法によって収穫に適した時期が異なります。

収穫時期　黄ウメ　青ウメ

梅酒やジュースにする場合は緑色の果実（青ウメ：写真右）を収穫。肥大が停止し、表面の毛が落ちはじめるのが目安。
梅干しの場合は果実が黄色くなってから収穫（黄ウメ：写真左）。ネットなどを広げて果実を落とし、回収してもよい。

ウメをつまんで持ち上げるようにして収穫をする。

7 剪定 　11月下旬〜1月　重要度：★★★

❶ 骨格となる枝の先端を切る
骨格となる枝の先端付近から取りかかる。

❷ 枝の先端を延長させる
果実がなりやすい枝をたくさん発生させるために、残した枝の先端を切り詰める。

❸ 新しい枝を準備する
枝が古くなると果実がなりにくくなるので、更新用の枝を用意しておく。

❹ 不要な枝を間引く
交差枝や徒長枝、胴吹き枝、混み合った枝などの不要な枝をつけ根で間引く。

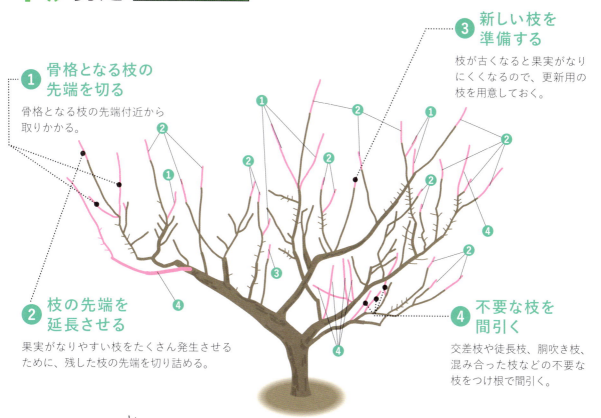

理解してから切ろう！

果実がなる位置と枝の切り詰め方

- 花芽の種類：純正花芽（ひとつの花芽から1花が咲く）
- 花芽と葉芽の区別：外見でつきやすい
- 花芽がつく位置：枝の全域
- 果実がなりやすい位置：短果枝や中果枝

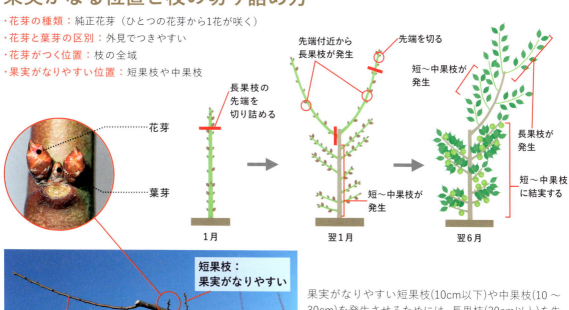

果実がなりやすい短果枝(10cm以下)や中果枝(10〜30cm)を発生させるためには、長果枝(30cm以上)を先端から1/4程度を切り詰めます。
切り詰めすぎると、翌年は長果枝ばかりが発生して果実がなりづらくなるので注意が必要です。

Part 2 | 果樹の育て方　ウメ　61

❶ 骨格となる枝の先端を切る

主枝などの骨格となる枝の先端を剪定しないと木の形が乱れるので、最初に剪定します。

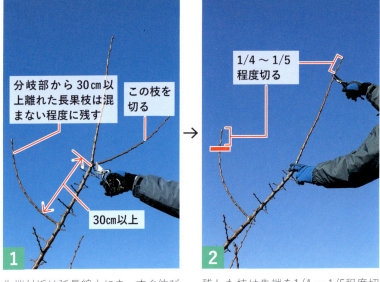

先端付近は延長線上にまっすぐ伸びる長果枝（30cm以上）1本だけを残す。

残した枝は先端を1/4～1/5程度切り詰めて延長させる（❷）。

❷ 枝の先端を延長させる

❶を行った翌年、先端付近から数本の長果枝が発生し、それよりつけ根のほうには短～中果枝がつきます。毎年「先端の枝を1本に間引く」「残した枝の先端を切り詰める」をくり返し、短～中果枝がつく場所を拡大させます。

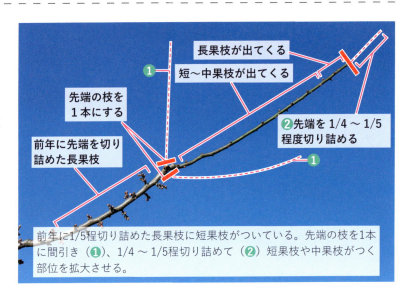

前年に1/5程切り詰めた長果枝に短果枝がついている。先端の枝を1本に間引き（❶）、1/4～1/5程切り詰めて（❷）短果枝や中果枝がつく部位を拡大させる。

❸ 新しい枝を準備する

❷をくり返すと老朽化した短～中果枝が枯れ、つけ根付近から果実がつかなくなるので、その前に更新用の枝を用意します。太い枝から発生した長果枝を1/4～1/5程度切り詰めて短～中果枝を発生させて予備の枝にし、結実するようになったら、古い枝をつけ根で切って更新します。

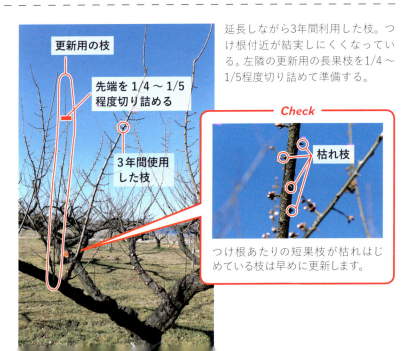

延長しながら3年間利用した枝。つけ根付近が結実しにくくなっている。左隣の更新用の長果枝を1/4～1/5程度切り詰めて準備する。

Check

つけ根あたりの短果枝が枯れはじめている枝は早めに更新します。

❹ 不要な枝を間引く

交差枝、枯れ枝、混み合った枝などの不要な枝を間引きます。また、株元付近の骨格となる主枝から1m以上の徒長枝が発生した場合も、つけ根で間引きます。

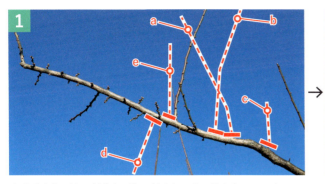

1 交差枝(**a**)、徒長枝(**b**)、枯れ枝(**c**)、逆さ枝(**d**)、混み合った枝(**e**)などの不要な枝をつけ根で間引く。

2 株元付近の主枝からは、徒長枝がとくに発生しやすいので徹底的に間引く。

剪定の前と後

前

後

剪定によって不要な枝が間引かれてすっきりとし、全体的に風通しや日当たりがよくなった。

病害虫と生理障害

病 黒星病
発生：4〜9月
特徴：枝葉、花、果実に黒褐色で2mm程の斑点が発生する。病斑はくぼみにくい。
防除：被害部はすぐ取り、被害にあった枝を冬に剪定する。初夏に新梢を間引き、風通しを確保。

病 かいよう病
発生：4〜9月
特徴：赤紫や黒褐色の病斑が枝葉、果実などに発生する。病斑は深くくぼみ、中心はコルク化する。
防除：黒星病と同様の防除を行う。毎年発生が激しいようなら、適用のある殺菌剤を散布する。

虫 カイガラムシ類
発生：5〜11月
特徴：ウメシロカイガラムシやタマカタカイガラムシが枝を吸汁。すす病の併発が多い。
防除：見つけ次第ブラシなどでこすり落とす。剪定で日当たりや風通しを確保する。冬のマシン油乳剤の散布も効果的。

オリーブ

|モクセイ科オリーブ属|　難易度 ふつう

　銀色に輝く葉が美しく、異国情緒豊かなオリーブ。生の果実はそのまま食べられないので、塩漬けなどにして加工を楽しむことができます。
　作業は果実の管理と剪定が中心になります。梅雨に開花するので実つきが悪い場合は、受粉が失敗している可能性があります。基本的に異なる2品種以上を一緒に育て、人工授粉を行い、摘果をして収穫します。収穫した果実は加工して利用します。

栽培のポイント

- 受粉樹を植えて人工授粉する
- 土の酸度を中性付近に調整する
- 枝が間伸びしやすいので切り詰める

基本データ

形態：常緑高木　受粉樹：必要（品種による）
仕立て：開心自然形仕立て（ほかに変則主幹形仕立てなど）
耐寒気温：-12℃
とげ：無　　　土壌pH：6.0～7.0
施肥量の目安（樹冠直径1m未満）：
元肥（3月）油かす 150g
追肥（6月）化成肥料 45g
礼肥（11月）化成肥料 30g

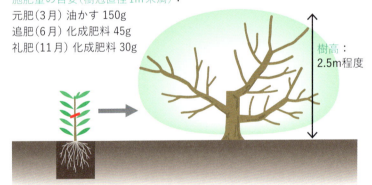

棒苗から結実まで；4～6年程度

COLUMN

オイルしぼりと渋抜き

　オリーブオイルは果実のしぼり汁に5～30％含まれ、上澄みをすくうことで得られます。果実を食べる場合は、産地では苛性ソーダを用いて渋抜きしますが、家庭では入手や取り扱いが難しいので、果実1kgに対して食塩150gで1～2か月程度塩漬けにし、水にさらしてから食べます。

塩漬けした果実

おもな品種

品種名	自家結実性	収穫期 10月	収穫期 11月	含油率	特徴
ネバディロブランコ	弱	●●		中	花粉が非常に多く、ほかの品種の受粉樹に向いている。
シプレッシーノ	弱	●	●	中	木が直立性で、木の形が縦長になりやすく、狭いスペースでも育てやすい。
ルッカ	強		●●	高	受粉がなくても実つきが比較的よい品種。隔年結果しやすいので摘果が重要。
ミッション	弱		●●	中	果肉が硬く、塩漬けに向いている。隔年結果しやすいので摘果が重要。

※自家結実性 → 苗木1本でも実つきがよい性質

栽培カレンダー

鉢植えの管理作業

開花期の5〜6月に花に雨がかかると、花粉が流れ落ちて実つきが悪くなるので、鉢植えは軒下などに置くとよい。

樹高 1.5m程度

水やり
鉢土の表面が乾いたらたっぷり。乾燥に比較的強いがあえて乾かす必要はない

肥料〔8号鉢(直径24cm)〕
元肥(3月)→油かす 30g
追肥(6月)→化成肥料 10g
礼肥(11月)→化成肥料 8g

仕立て方
変則主幹形仕立て(写真)、開心自然形仕立てなど

棒苗から結実まで 2〜4年程

置き場
春〜秋:日当たりがよくて、雨の当たらない軒下など
冬:日当たりがよく、寒すぎない場所(−12℃以上)

用土
市販の「オリーブ用の土」。なければ「野菜用の土」:鹿沼土小粒=7:3を混ぜ、石灰を一握り(30g程度)混ぜ込む。鉢底には鉢底石を3cm程度敷き詰める

作業

1. 人工授粉

5月〜6月上旬

重要度：★★☆

目的
開花期に花粉が雨で洗い流されると、実つきが悪いことがあります。受粉樹があるのに実つきが悪い場合は、人工授粉を検討しましょう。

1 コップなどを花の集まり（花房）の下に置き、絵筆などで触れて花粉を回収する。

2 異なる品種の花に回収した花粉を受粉させる。終わったら、授ける側と授けられる側の品種を交代して再度受粉させる。

---

2. 摘果

7月中旬〜8月中旬

重要度：★★☆

目的
豊作と不作の年を繰り返す性質(隔年結果性)が強いので、その影響を最小限にするために摘果をします。また、大きな果実を収穫したい場合にも効果的です。

1果当たり葉8枚が目安

16枚程度の葉がついた枝に3果ついている。果実1個当たりの葉の数が8枚程度になるように、果実を1個間引く(葉果比8枚)。

---

3. 収穫

10月〜11月

重要度：★★★

方法
果実の肥大が停止して、緑色が薄くなった頃から収穫が可能です。収穫後はオイルをしぼったり塩漬けにしたりして楽しむことができます。

収穫時期　A B C D E

Aは未熟で硬いので収穫できない。歯ごたえや風味を味わいたい場合は写真のBに近い果実を、やわらかい触感で香りを楽しみたい場合はEに近い果実を収穫する。

果実をつまんで縦方向や軸方向にまっすぐ引き抜くと傷をつけないで収穫できる。

4 剪定 2月中旬〜3月 重要度：★★★

❶ 木の広がりを抑える
木の高さや横への広がりを抑えたり、コンパクトにしたりする場合は、何本かの枝を切り取る。

❷ 不要な枝を間引く
交差枝や徒長枝、胴吹き枝、混み合った枝などの不要な枝をつけ根で間引く。

❸ 残った枝の先端を切り詰める
枝が間伸びしやすいので、20cm以上の枝は先端を1/3〜1/4程度切り詰める。

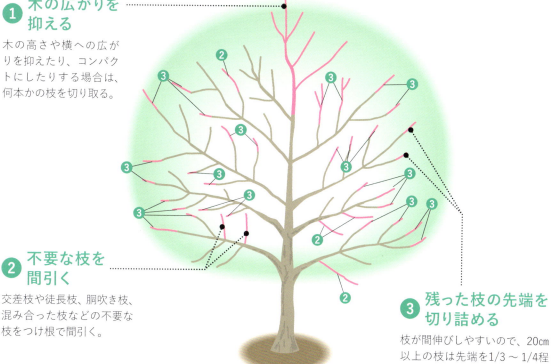

理解してから切ろう！
果実がなる位置と枝の切り詰め方

- **花芽の種類**：純正花芽（ひとつの花芽から複数の花が房状に咲く）
- **花芽と葉芽の区別**：外見でつきにくい
- **花芽がつく位置**：とくに先端〜中間付近
- **果実がなりやすい位置**：短果枝や中果枝

花芽と葉芽の区別がつきにくい

花芽は枝の先端〜中間付近につきやすい

先端を1/3〜1/4程度切り詰める

枝を軽く切り詰めても結実する

3月 → 11月

積極的に切り詰める

枝の先端から中間付近まで広く花芽がつくので、すべての枝を1/3〜1/4程度切り詰めても花芽が残り、結実します。
枝が間伸びしやすいので、20cm以上の枝は先端を1/3〜1/4程度切り詰めて、若い枝の発生を促します。ただし、切り詰めすぎると徒長枝が発生して花芽がつきにくくなるので、注意が必要です。

| Part 2 | 果樹の育て方 | オリーブ | 67

❶ 木の広がりを抑える

広がりを抑えたい場合は、何本かの枝をまとめて切り取ります。枝の切り残しがないように切るのがポイントです。

樹高を低くしたい場合、分岐部まで切り戻して何本かの枝を切り取る。一度に切りすぎると徒長枝などが発生して樹形が乱れるので、切り取る幹（前シーズン以前に伸びた枝）の長さが50cm未満になるように切るとよい。

---

❷ 不要な枝を間引く

枯れ枝、混み合った枝、葉がほとんど落ちた枝、徒長枝などの不要な枝をつけ根から間引きます。
全体の枝のうち、1〜3割の量の枝を切り取るのが目安です。

葉が同じ場所に2枚つくので、その葉のつけ根からさらに2本の枝が発生して3つ又になりやすい。3本とも残すと混み合う傾向にある。

同じ場所から発生する枝が2本以内になるよう間引く。写真では弱々しすぎる真ん中の枝を間引いた。ほかの枝と比べて長くて太すぎる枝や周囲の枝と交差する枝なども優先的に間引く。

❸ 残った枝の先端を切り詰める

長く間伸びした枝は弓なりに下に垂れやすく、ほかの枝と交差したり、徐々に弱りはじめたりします。長い枝の先端は切り詰めます。

20cm以上の枝は1/3～1/4程度切り詰めて、若い枝の発生を促す。花芽は枝の中間付近まで広く分布することが多いので、切り詰めても花芽は確保できる。

剪定の前と後

前

→

後

生育が旺盛な木は3割、弱っている木は1割と切り取る枝の量を調整するとよい。写真は旺盛な木なので3割程度の枝を切り取った。

病害虫と生理障害

ハマキムシ類

虫 ハマキムシ類
発生：4～10月
特徴：ガの幼虫が果実や枝葉などを食害する。周囲に黒くて丸い糞や白い糸が残っているのでほかの害虫と見分けることができる。
防除：とくに若い葉や果実をよく観察し、見つけ次第、捕殺する。

病 炭そ病
発生：7～11月
特徴：初期段階では果実に褐色の斑点が発生し、その後、大きくくぼんで果実が腐る。収穫量が激減することもある。
防除：被害果は見つけ次第、取り除く。剪定を徹底して日当たりや風通しをよくすると発生しにくい。

虫 オリーブアナアキゾウムシ
発生：4～11月
特徴：ゾウムシの幼虫が幹や枝の内部を食害して木が弱る。発生部位によっては木が枯死することもある。
防除：木くずが出ていないか、幹や枝を注意深く観察し、見つけ次第、捕殺する。薬剤の散布も効果的。

カキ

|カキノキ科カキノキ属|　難易度 ふつう

　カキはそのまま食べられる甘ガキと、干し柿などに利用する渋ガキに分けられます。品種によってはタネが入らないと実つきが悪いか渋が抜けにくいので、受粉樹として雄花が多く咲く品種が必要です。
　作業としては、実つきが悪い場合のみ、人工授粉が必要です。摘果や収穫、剪定は必須の作業で、適期に行うことが重要です。余裕があれば摘蕾や袋がけ、捻枝といった作業も行うとよいでしょう。

栽培のポイント
- 品種によっては受粉樹が必要
- 摘果して隔年結果を防ぐ
- 大木になりやすいので剪定が重要

基本データ

形態：落葉高木　　受粉樹：必要（品種による）
仕立て：開心自然形仕立て（ほかに変則主幹形仕立てなど）
耐寒気温：−13℃（甘ガキ）、−15℃（渋ガキ）
とげ：無　　　　土壌pH：6.0〜6.5
施肥量の目安（樹冠直径1m未満）：
元肥（2月）油かす 150g
追肥（6月）化成肥料 45g
礼肥（10月）化成肥料 30g

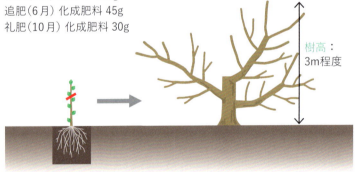

樹高：3m程度

棒苗から結実まで：4〜7年程度

COLUMN

雄花の有無

　カキは同じ木のなかに雌花と雄花が分かれて咲くタイプ（雌雄同株異花／しゆうどうしゅいか）の果樹ですが、多くの品種は雄花が咲かないか、咲いてもごく少数です。雄花が咲かない品種のうち、タネが入らないと実つきが悪い品種や渋が抜けにくい品種は受粉樹（雌花に加え、雄花が多く咲く品種）が必要です。

雌花と雄花が多く咲く品種

禅寺丸（ぜんじまる）	赤柿（あかがき）
正月（しょうがつ）	西村早生（にしむらわせ）
さえふじ	太秋（たいしゅう）
筆柿（ふでがき）	

'禅寺丸'の雄花

おもな品種

甘渋	品種名	受粉樹	収穫期 10月	収穫期 11月	特徴
甘ガキ	太秋（たいしゅう）	不要		■	大果な人気品種。雌花に加え、雄花も咲くが、禅寺丸や赤柿よりも花粉が少ない。
甘ガキ	富有（ふゆう）	必要		■	定番の甘ガキ品種。タネが少ないと実つきが悪いので受粉樹が必要。
渋ガキ	平核無（ひらたねなし）	不要	■	■	タネが入りにくい渋ガキの定番品種。実つきがよく、受粉樹が不要。
渋ガキ	富士（ふじ）	必要	■	■	品質のよい干し柿ができる渋ガキの品種。甲州百目、蜂屋などの別名がある。実つきをよくするには受粉樹が必要。

栽培カレンダー

7 剪定（→P75）
1 摘蕾（→P72）
2 人工授粉（→P72）
3 摘果（→P73）
4 袋がけ（→P73）
5 捻枝（→P74）
6 収穫（→P74）

カレンダー内：
1月／2月／3月／4月／5月／6月／7月／8月／9月／10月／11月／12月
植えつけ（厳寒期を除く）／肥料（元肥）／肥料（追肥）／肥料（礼肥）

鉢植えの管理作業

大木になりやすいカキも鉢植えだとコンパクトになる。写真のように樹高が低くても結実するのでおすすめ。

樹高 1.5m程度

水やり
鉢土の表面が乾いたらたっぷり。結実期は乾燥にとくに弱い

肥料〔8号鉢（直径24cm）〕
元肥（2月）→油かす 30g
追肥（6月）→化成肥料 10g
礼肥（10月）→化成肥料 8g

仕立て方
開心自然形仕立て（写真）、変則主幹形仕立てなど

棒苗から結実まで 3〜5年程度

置き場
春〜秋：日当たりがよくて、
　　　　雨の当たらない軒下など
冬：屋外（−13〜7℃程度）。
　　日当たりや雨は問わない

用土
市販の「果樹・花木用の土」。なければ「野菜用の土」：鹿沼土小粒＝7：3。鉢底には鉢底石を3cm程度敷き詰める

Part 2 ｜ 果樹の育て方　カキ　71

作業

1✿ 摘蕾（てきらい）

4月中旬〜5月上旬

重要度：★★☆

目的

つぼみを間引いて養分ロスを抑えると、果実の品質や枝の生育がよくなります。実つきが悪い木では収穫量が減少するので行いません。

つけ根から2〜3番目のつぼみを1個残す／ほかは摘み取る

枝に最大5個程度の雌花のつぼみがつくので、1枝1個に間引く。枝のつけ根から数えて2〜3番目についているものがよい果実になりやすい。

雄花は摘蕾しない

1枝1個になるように間引いた。2〜3番目のつぼみのうち、大きくて形がよく、下向きのものを優先的に残す。2〜3花ずつ集まって咲く雄花は摘蕾しない。

2✿ 人工授粉

5月

重要度：★★☆

目的

基本的に人工授粉は不要ですが、毎年のように実つきが悪い場合には効果的です。とくに受粉樹が必要な品種に対して行うと実つきがよくなる傾向にあります。

雌花と雄花

雌花は1花ずつ独立して咲き、雄花は2〜3花ずつ集まって咲く。雌花はどんな品種でも咲くが、雄花は限られた品種（70ページ）にしか咲かない。

花弁の先端がせまく、絵筆などが雄しべに届きにくいので、雄花を直接摘む。花弁を手でちぎって雄しべをむき出しにする。オリーブ（66ページ）のようにコップに花粉を受けてもよい。

雄しべ／雌しべ

雄しべを雌しべにこすりつける。ひとつの雄花で20花程度の雌花を受粉させられる。

3 摘果

6月下旬〜7月下旬

重要度：★★★

目的

カキは豊作と不作の年を繰り返す性質（隔年結果性）が強いので、摘果は重要です。摘果は2回に分け、1回目（予備摘果）を6月下旬までに行い、2回目（仕上げ摘果）を7月上〜中旬に行うのが理想的です。

下向きの果実を優先して1枝に1果残す

1 予備摘果前

予備摘果で1枝1果に間引く。各枝に2〜3個の果実がついている。大きくて形がよく、下向きの果実を優先的に残す。

2 予備摘果後

1枝に1果になるようにハサミで間引く。摘蕾をしていれば予備摘果は不要。

3 仕上げ摘果後

1果当たり葉25枚に間引く

予備摘果後、仕上げ摘果で1果当たりの葉が25枚（葉果比25）程度になるよう、さらに間引く（2〜4枝に1果程度の割合）。

---

4 袋がけ

7月〜8月

重要度：★★★

目的

必須の作業ではありませんが、市販の果実袋をかけることで、病害虫や風による傷や、11月以降の霜などから守ることができます。

果梗（かこう／果実の軸）が短いので、果実袋は枝ごとかけるとよい。

5 捻枝

6月〜7月

重要度：★☆☆

目的

捻枝とは新梢を手でねじって横向きに曲げ、欲しい場所に枝を配置する作業です。枝を横向きにすることで枝の伸びを抑え、花芽がつきやすくなる効果もあります。

手で触れている枝は真上に伸びていて、剪定時に切る対象になる。横方向に倒して翌年以降に果実がつく枝にしたい。

枝のつけ根を片手でしっかり持って支え、もう一方の手でねじりながら横に倒す。折るのではなく、何度もねじる感覚。

捻枝後。手で支えなくても枝が横向きになれば成功。枝のつけ根に近いところから曲がるようにするのが理想的。

---

6 収穫

10月〜11月

重要度：★★★

方法

全体が色づいた果実だけを選んで収穫します。甘ガキはそのまま食べられますが、渋ガキは渋抜きをする必要があります。焼酎やホワイトリカーなどにヘタを一瞬浸し、冷暗所に1〜2週間放置するか（アルコール脱渋）、果皮をむいて1〜2か月軒下などに吊るす（干し柿）と渋が抜けます。

果梗（果実の軸）が硬いので、手でもぎ取ろうとせず、必ずハサミで収穫する。干し柿にする場合は枝ごと切り、枝と果梗をT字状に残して、吊るす際にひもをかけやすくするとよい。

果梗を残すとほかの果実を傷つける恐れがあるので、切り取る（二度切り）。

7 剪定 12月～2月 重要度：★★★

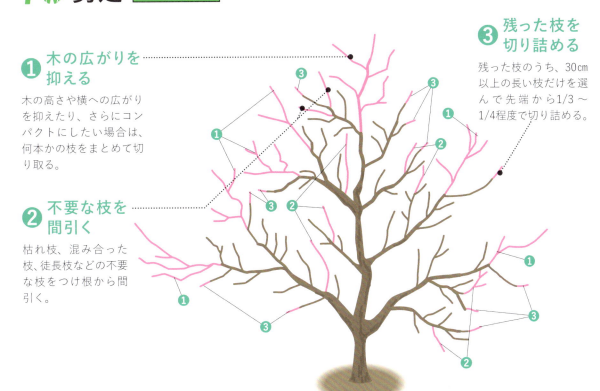

① 木の広がりを抑える
木の高さや横への広がりを抑えたり、さらにコンパクトにしたい場合は、何本かの枝をまとめて切り取る。

② 不要な枝を間引く
枯れ枝、混み合った枝、徒長枝などの不要な枝をつけ根から間引く。

③ 残った枝を切り詰める
残った枝のうち、30cm以上の長い枝だけを選んで先端から1/3～1/4程度で切り詰める。

理解してから切ろう！
果実がなる位置と枝の切り詰め方

- 花芽の種類：純正花芽（ひとつの花芽から枝が伸び、複数の花が咲く）
- 花芽と葉芽の区別：外見でつきやすい
- 花芽がつく位置：枝の先端付近のみ(例外もあり)
- 果実がなりやすい位置：短果枝や中果枝

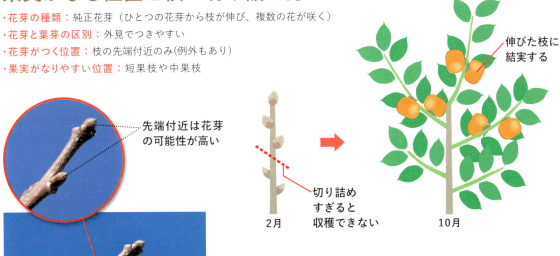

先端付近は花芽の可能性が高い

切り詰めすぎると収穫できない

2月 → 10月

伸びた枝に結実する

花芽は葉芽よりも大きいものの、大きい葉芽もあるので外見では区別しにくいです。花芽は、枝の先端付近にしかつかない場合が多いので、すべての枝を一律に切り詰めると大部分の花芽がなくなり、収穫量が激減します。しかし、枝を若返らせるには枝を切り詰める必要があるので、長い枝（30cm以上）だけを選んで切り詰めます。

Part 2 果樹の育て方 カキ 75

❶ 木の広がりを抑える

高さや横への広がりを抑えたり、コンパクトにしたい場合は、何本かの枝をまとめて切り取ります。枝の分岐部を切り残しがないように切るのがポイントです。

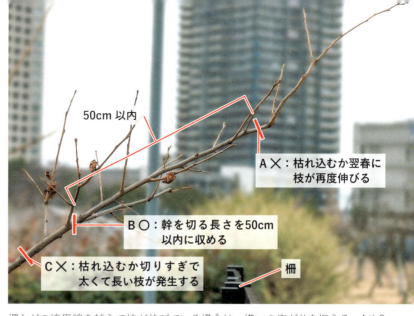

柵などの境界線を越えて枝が伸びている場合は、横への広がりを抑える。AやCは分岐部でないため、そこで切ると枯れ込む。Bのように幹（前シーズン以前に伸びた枝）の部分を切り取る長さが50cm以内に収まるように分岐部で切る。

---

❷ 不要な枝を間引く

枯れ枝、混み合った枝、徒長枝などの不要な枝をつけ根から間引きます。全体の枝の量のうち、3〜6割の枝を切り取るのが目安です。

枝（主枝や亜主枝）の先端部の剪定前。多くの枝が発生しているため、縦や横に枝を伸ばす場合は、延長上にまっすぐ伸びる1本の枝だけを残して間引く。先端の枝は骨格をつくる枝として充実させるために、果実がついてもすべて摘果する。

分岐部で不要な枝をすべて切り、先端部から少し離れたところに、結実させる枝を残す。短い枝を20cm程度の間隔で混み合わないようにする。

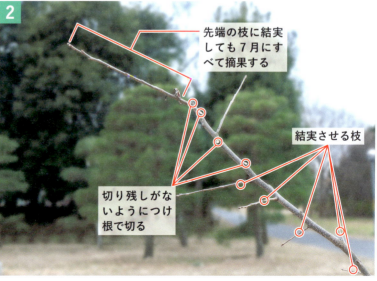

❸ 残った枝を切り詰める

残った枝のうち、30cm以上の長い枝は先端を切り詰めますが、花芽の多くが先端付近にしかないので、結実させる枝は切り詰めません。生育状態によって枝の長短の基準は異なるので、30cmはあくまで目安とします。

❷で残った枝のうち、30cm以上の長い枝だけを選んで先端から1/3～1/4程度で切り詰める。

剪定の前と後

前

後

剪定で6割程度の枝を切り取った。生育が旺盛な木は6割、弱っている木は3割と、切り取る枝の量を調整する。

病害虫と生理障害

病 すす病
発生：5～9月
特徴：果実や枝葉の表面が黒く汚れる。アブラムシ類やカイガラムシ類の排泄物などにカビが生えることで発生する。
防除：発生源であるアブラムシ類などの害虫は見つけ次第、捕殺する。剪定などで日当たりや風通しをよくする。

虫 カキノヘタムシガ
発生：6～9月
特徴：ガの幼虫が果実や枝葉などを食害する。果実はヘタを残して落ちる。糞を残すことが多いのでほかの落果と区別できる。
防除：幼虫は樹皮の割れ目などで越冬するので、冬に樹皮を削って駆除する（粗皮削り）。殺虫剤の散布も効果的。

虫 アザミウマ類
発生：5～10月
特徴：チャノキイロアザミウマなどのアザミウマ類（スリップス）が開花期から幼果期の果実のヘタに沿って吸汁し、あとが残る。
防除：幼虫は樹皮の割れ目などで越冬するので、冬に樹皮を削って駆除する（粗皮削り）。殺虫剤の散布も効果的。

柑橘類
かんきつるい

|ミカン科ミカン属|　難易度 ふつう

　柑橘類とはミカン科ミカン属（カンキツ属、キンカン属、カラタチ属）の総称で、数え切れないほどの種類や品種が流通しています。
　作業はとげ取り、風通しをよくする枝の間引き、実つきが悪い場合は人工授粉を行います。ブンタンなどを除いて受粉樹は不要ですが、不作と豊作を繰り返しやすく（隔年結果性）、大木になりやすいので摘果や剪定がとくに重要です。

栽培のポイント
- 基本的には受粉樹が不要（例外あり）
- 寒さに弱いので寒冷地では鉢植えにする
- 摘果して隔年結果を防ぐ

基本データ

形態：常緑高木　受粉樹：不要（種類・品種による）
仕立て：開心自然形仕立て（ほかに変則主幹形仕立てなど）
耐寒気温：－7 ～－3℃（種類・品種による）
とげ：有（種類・品種による）
土壌pH：5.5 ～ 6.0
施肥量の目安（樹冠直径1m未満）：
元肥（2月）油かす 300g
追肥（6月）化成肥料 45g
礼肥（11月）化成肥料 45g

樹高：3m程度
棒苗から結実まで：3 ～ 5年程度

耐寒気温の目安

－3℃：レモン、ブンタン、タンカン
－5℃：温州ミカン、ポンカン、イヨカン、ハッサク、夏ミカン、
　　　 ヒュウガナツ、清見、不知火、オレンジ類
－6℃：カボス、スダチ
－7℃：ユズ

参考：「果樹農業振興基本方針」（2016年、農林水産省）
※育てたい柑橘類が上記にない場合は、交配親や近い仲間の数字を参考にするとよい。

COLUMN

防寒対策

　冬越しの際には気温に注意が必要です。枝が枯れはじめる耐寒気温の目安（左下図）を参考に防寒対策をしましょう。
　最低気温が耐寒気温を下回る地域では、庭植えは寒冷紗を巻き、地面にワラを敷き詰めます。鉢植えは耐寒気温を下回らない場所、例えば日当たりのよい屋内などに鉢植えを取り込みます。

庭植えの防寒対策

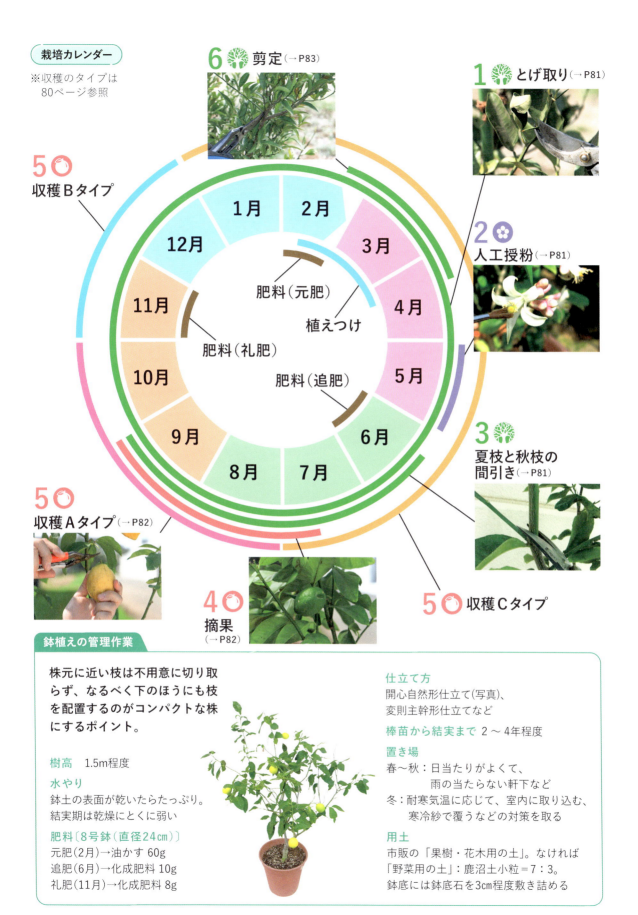

おもな品種の収穫期と果実重

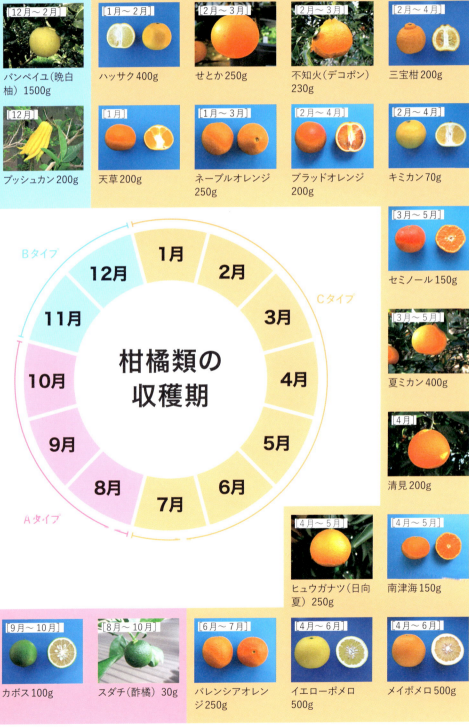

作業

1 とげ取り

通年

重要度：★★☆

目的
種類によっては、成木になっても枝に鋭いとげが残ります。とげは、枝がゆれたときに果実や枝葉を傷つけ、管理する人間も危険なので取り除きます。

とげをつけ根から切る。切っても生育に影響はほとんどない。

2 人工授粉

5月

重要度：★☆☆

目的
基本的に人工授粉は不要ですが、毎年のように実つきが悪い場合は行います。ただし、温州ミカンなどの通常タネがない柑橘類に受粉するとタネが入ってしまいます。

同じ花の雌しべと雄しべを乾いた絵筆などで交互に触れる。ハッサクやヒュウガナツ、ブンタン、バンペイユなどは受粉樹が必要なので、異なる柑橘類を近くに植えておく。

3 夏枝と秋枝の間引き

6月中旬〜9月

重要度：★★☆

目的
6〜8月に発生する夏枝は徒長枝になりやすく、8〜9月に発生する秋枝は色が薄く貧弱になりやすく、どちらも翌年の果実がつきにくいので間引きます。

徒長枝となった夏枝はつけ根で間引いて風通しをよくする。冬の剪定時には春枝、夏枝、秋枝の区別がつきにくいので、発生する時期につけ根で切る。

Part 2 ｜ 果樹の育て方　柑橘類

4 摘果

7月下旬〜9月

重要度：★★★

目的

柑橘類は豊作と不作の年を交互に繰り返す性質（隔年結果性）が強いので、摘果をして防ぎます。果実を間引く際に目安となるのが葉の枚数（右表）です。例えばレモンなら葉果比が25なので、葉が250枚ついている木なら10果残し、残りの果実はすべて間引きます。

鉢植えのように小さい木なら葉の枚数を数え、下表の葉果比を元に残す果実の数を計算してから、余分な果実を間引く。葉が数え切れないような大木は、葉果比はあくまでも目安とし、枝ごとに区切って摘果する。

摘果時の葉の枚数（葉果比）

果実のサイズ	種類・品種	1果当たりの葉の枚数
キンカンサイズ（20g以下/果）	キンカンなど	8枚
温州ミカンサイズ（約130g/果）	温州ミカン、レモン、カボスなど	25枚
オレンジサイズ（約200g/果）	ネーブルオレンジ、イヨカン、ヒュウガナツ、清見、不知火、せとかなど	80枚
夏ミカンサイズ（400g以上/果）	夏ミカン、ハッサク、シシユ、バンペイユ、ブンタンなど	100枚

参考：「果樹園芸大百科 第1巻 カンキツ」（農文協）、「果樹園芸大百科 第15巻 常緑特産果樹」（農文協）

---

5 収穫

種類・品種による

重要度：★★★

方法

収穫適期は、種類・品種によって3つのタイプに大別できます。Aタイプは8〜10月の緑色の果実を収穫します。Bタイプは11〜12月に黄色や橙色に色づき次第、収穫します。Cタイプは12月頃に色づいても酸味が強いので、収穫期の1〜7月まで樹上で酸味が抜けるまで待ち、味見をしてから収穫します。

Aタイプ：8〜10月収穫
緑色の状態で収穫する。酸味や香りを楽しむために利用するスダチ（写真）やカボスなど。

Bタイプ：11〜12月収穫
黄色や橙色に色づくと適熟状態になる温州ミカン（写真は早生温州）やキンカンなど。

Cタイプ：1〜7月収穫
夏ミカン（写真）やヒュウガナツ、ブンタンなどは、12月頃に色づいたあと樹上で酸味が抜けるのを待つ。

1 果実を軽くつまみ、ハサミで果梗（かこう／果実の軸）を切る。果実にハサミが当たらないように、少し果梗を残して切るとよい。

2 残した果梗が他の果実に傷をつけないように、果実ぎりぎりの場所で再度切り直す（二度切り）。

6 剪定 2月下旬〜4月上旬 重要度：★★★

❶ 木の広がりを抑える
木の高さや横への広がりを抑えたり、さらにコンパクトにしたい場合は、何本かの枝をまとめて切り取る。

❸ 残った枝を切り詰める
残った枝のうち、25cm以上の長い枝だけを選んで先端から1/3〜1/4程度で切り詰める。

❷ 不要な枝を間引く
枯れ枝、混み合った枝、徒長枝などの不要な枝をつけ根から間引く。

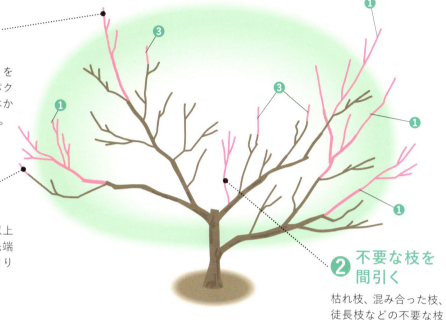

理解してから切ろう！
果実がなる位置と枝の切り詰め方

- 花芽の種類：混合花芽（ひとつの花芽から枝が伸び、複数の花が咲く）
- 花芽と葉芽の区別：外見でつきにくい
- 花芽がつく位置：枝の先端付近のみ(例外もあり)
- 果実がなりやすい位置：短果枝や中果枝

夏枝 / 春枝

先端を切り詰めすぎると果実がつかない

3月

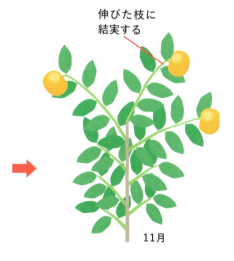

伸びた枝に結実する

11月

花芽は先端につきやすいが葉芽と区別しにくい。春先の枝は芽がほとんど見えない

花芽は先端付近につきやすく、すべての枝の先端を切り詰めると、大部分の花芽がなくなり翌年の収穫量が激減することがあります(春枝にはつけ根付近にも花芽がつくこともあります)。

枝の断面が三角形をしている枝（上写真の左）や徒長している枝、ミカンハモグリガ（85ページ）の被害がある枝の多くは夏枝や秋枝で、花芽がつきにくいので、優先的に間引いたり切り詰めたりします。春枝や秋枝を剪定時に見分けるのが難しい場合は、6月中旬〜9月に夏枝や秋枝が発生したら間引き、剪定時には25cm以上の長い枝を優先的に間引くか切り詰め、短い枝はなるべく残すと春枝を確保できます。

Part 2 | 果樹の育て方 | 柑橘類

❶ 木の広がりを抑える

高さや横への広がりを抑えたり、コンパクトにしたい場合は、何本かの枝をまとめて切り取ります。枝の分岐部を切り残しがないように切るのがポイントです。

1　主枝など、木の先端となる枝を分岐部で切って樹高を抑える。

2　剪定後。なるべく若木のうちに行い、切り口が太くならないようにする。

---

❷ 不要な枝を間引く

枯れ枝、混み合った枝、徒長枝などの不要な枝をつけ根から間引きます。全体の枝の量のうち、1〜3割の枝を切り取るのが目安です。

1　つけ根で切る

徒長枝（写真）は果実がならないほか、樹形を乱すのでつけ根で切り取る。

2　混み合って日当たりや風通しを悪くする枝はつけ根から切る。

3　数本の枝を間引き、すっきりさせる。

❸ 残った枝を切り詰める

25cm以上の長い枝だけを選んで先端から1/3～1/4程度で切り詰めます。春枝～夏枝の区別ができる場合は、春枝から発生した夏枝や秋枝の部分だけを切り詰めて、翌春に春枝から新梢が発生しやすくします。

生育状態によって枝の長短の基準は異なるので、25cmはあくまでも目安とします。

1/3～1/4程度切り詰める

25cm以上の長い枝は先端から1/3～1/4程度切り詰める。写真のように葉がない枝についても切り詰めて、新梢の発生を促すとよい。

剪定の前と後

前

2割程度切った枝
後

剪定前後のハナユ。剪定で2割程度の枝を切り取った。生育が旺盛な木は3割、弱っている木は1割と切り取る量を調整するとよい。

病害虫と生理障害

病 かいよう病

発生：4～9月

特徴：枝葉や果実にコルク状の斑点ができる。発生が多発した葉は落ちる。果実の傷は果肉に達することもある。

防除：発生初期に発生部位や果実を切り取る。傷口から侵入しやすいので、傷の原因となるとげをハサミでこまめに切り取る。

病 黒点病

発生：6～9月

特徴：枝葉や果実の表面に黒い小さな斑点が発生し、ザラザラになる。キンカンは発生しやすく、夏ミカンは発生しにくい。

防除：雨が当たると発生しやすいので、鉢植えはなるべく軒下などに置く。庭植えは剪定で日当たりや風通しをよくする。

虫 ミカンハモグリガ

発生：6～9月

特徴：ガの幼虫が若い枝葉の内部にもぐり、白い筋を残しながら食害する。別名エカキムシ。

防除：発生が軽ければ気にしなくてもよい。大抵、被害に気づく頃には飛び去っており、果実に影響はないので被害部の葉を取り除く必要はない。

キウイフルーツ

|マタタビ科マタタビ属|　難易度 ふつう

　つる性の果樹で、伸びる枝を棚に固定する誘引、確実に受粉させる人工授粉、果実を大きくする摘果、収穫、剪定が重要です。また、養分ロスを防ぐために余裕があれば摘蕾、摘心も行います。

　とくに注意すべき点は受粉樹で、収穫用の雌木の品種に加えて、雄木の品種が必要です。開花期を合わせるために、雌木の品種の果肉の色を目安に、雄木の品種を選びます（下表）。

栽培のポイント
- 雌木と雄木を用意し、人工授粉する
- 棚やオベリスクなどの支柱に仕立てる
- 剪定して枝を若く保つ

基本データ

形態：落葉つる性　　受粉樹：必要（雌木と雄木）
仕立て：棚仕立て（一文字仕立てやオールバック仕立て）
耐寒気温：−7℃
とげ：無　　土壌pH：6.0〜6.5
施肥量の目安（樹冠直径1m未満）：
元肥（2月）油かす 130g
追肥（6月）化成肥料 30g
礼肥（10月）化成肥料 30g

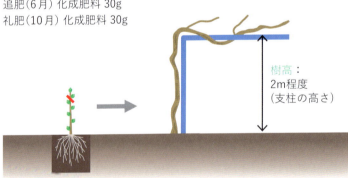

棒苗から結実まで：3〜5年程度

COLUMN

サルナシもほぼ同じ育て方

　親指サイズの果実がなるサルナシは、キウイフルーツの近縁種で、ほとんど同じ方法で栽培できます。品種は'一才'や'インパル'、'光香'や'パープルシャドー'などがあります。受粉樹には、開花期さえ合えばキウイフルーツの雄木が使用できます。

サルナシの果実

おもな品種（雌木品種）

品種名	果肉色	収穫期 10月	収穫期 11月	特徴
紅妃（こうひ）	赤（中心）	■		果肉の中心が赤色で甘味が強い人気種。受粉樹には早雄がおすすめ。
ゴールデンキング	黄色		■	大果でやや酸味を強く感じる。受粉樹にはマックやロッキーがおすすめ。
魁蜜（かいみつ）	黄色		■	別名アップルキウイ。極大果がなる。受粉樹にはマックやロッキーがおすすめ。
ヘイワード	緑		■	流通する果実の大半が本品種。受粉樹にはマツアやトムリがおすすめ。

栽培カレンダー

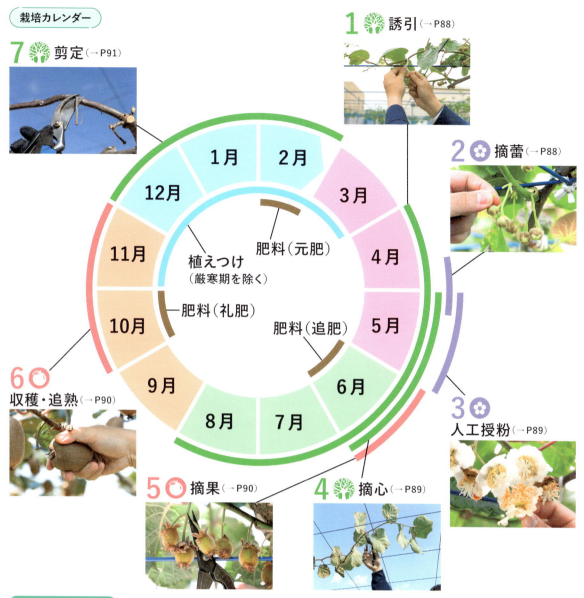

1 誘引（→P88）
2 摘蕾（→P88）
3 人工授粉（→P89）
4 摘心（→P89）
5 摘果（→P90）
6 収穫・追熟（→P90）
7 剪定（→P91）

外周：1月〜12月
内周：植えつけ（厳寒期を除く）／肥料（元肥）／肥料（追肥）／肥料（礼肥）

鉢植えの管理作業

つる性なので、オベリスクやフェンスなどに枝を誘引するとよい。枝葉や根が混み合うので雌雄は別の鉢に植えつける。

樹高 1.5m程度

水やり
鉢土の表面が乾いたらたっぷり

肥料〔8号鉢（直径24cm）〕
元肥（2月）→油かす 20g
追肥（6月）→化成肥料 8g
礼肥（10月）→化成肥料 8g

仕立て方
オベリスク仕立て（写真）、フェンス仕立てなど

棒苗から結実まで 3〜5年程度

置き場
春〜秋：日当たりがよくて、雨の当たらない軒下など
冬：屋外（−7〜7℃程度）。日当たりや雨は問わない

用土
市販の「果樹・花木用の土」。なければ「野菜用の土」：鹿沼土小粒＝7：3。鉢底には鉢底石を3cm程度敷き詰める

Part 2｜果樹の育て方　キウイフルーツ　87

作業

1 誘引

4月～8月

重要度：★★★

目的
つる状に伸びる枝を棚などに、ひもなどで固定します。

なるべく枝を交差しないように配置しひもで固定する。8の字になるようにひもをひねると、ひもにゆとりができて枝が食い込むのを防ぎ、ずれにくくなる。上向きに伸びはじめた枝は、無理に誘引すると折れるので、30cm程度まで伸びた枝から行う。

6月以降になると枝がさらに伸びるので、50～70cm間隔で何度か誘引する。

50～70cm間隔で誘引

---

2 摘蕾（てきらい）

4月下旬～5月上旬

重要度：★★☆

目的
開花前のつぼみを間引くことで養分ロスを抑えることができ、果実の品質が向上し、新梢の生育もよくなります。ただし、間引くのは雌花として植えた品種だけです。

1個を残してほかを間引く

1か所で分岐して2～3個の花蕾をつけることが多いので、1個に間引く。

中央の大きなつぼみを残し、ほかを摘み取る。間に合わなければ開花時に間引いてもよい。

3 人工授粉

5月～6月上旬

重要度：★★★

目的

昆虫などが受粉してくれることもありますが、人工授粉をすることで確実に受粉してタネが多く入り、大きな果実を収穫することができます。雄花と雌花が離れた位置にそれぞれ咲くので、人工授粉は必須の作業だといえます。

花粉が出ている雄花を摘んで、雌花の雌しべにこすりつける。木が大きい場合には、ナシのように花粉だけを取り出し、絵筆などで受粉させてもよい（128ページ）。

雌花は中心にイソギンチャクのような白い雌しべがついている。写真のように花弁が開いて、変色していない新しいものを選んで人工授粉する。

雄花には雌しべがない。開花直後で花粉を出す葯（やく）が開いていない雄花や、開花から時間が経過して花弁が変色した雄花は、受粉には利用しない。

4 摘心

5月～6月

重要度：★★☆

目的

枝が伸びすぎると養分がロスするほか、日当たりや風通しが悪くなるので、先端を止めます。

摘心する位置の目安は節の数（葉の枚数）で、1枝当たり15節（2番目に出た枝の葉を数えないで15枚）程度を残し、それ以降は切り詰める。摘心が終わったら、誘引する。

5 摘果

6月

重要度：★★★

目的

果実を大きく甘くするために摘果します。一度ついた果実は落ちにくいので、必ず行いましょう。

予備摘果

1か所で分岐して2〜3個の果実がついていれば1か所で1果になるように間引く。摘蕾をしていれば予備摘果は不要。

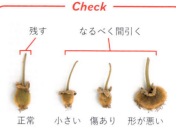

Check

残す／なるべく間引く

正常　小さい　傷あり　形が悪い

写真の右側3つのような果実を優先して間引きます。

仕上げ摘果

葉5枚で1果になるよう間引く

葉5枚当たり1果（葉果比5）を目安にさらに間引く。写真の枝は葉が10枚ついているので、2果残してほかの果実を間引く。6月中旬までに予備摘果を行い、仕上げ摘果を6月下旬に行うのが理想。

---

6 収穫・追熟

10月〜11月

重要度：★★★

方法

ほかの果樹とは異なり、果皮の色などの外見で収穫適期を見極めることが難しく、味見もできないので、右表のように果肉の色とそれに応じた収穫適期を目安に収穫しましょう。
収穫後、6〜12日程度追熟させることで、はじめて食べることができます。

果実を握って上に持ち上げると、収穫できる。果梗（かこう／果実の軸）は剪定位置の目安になるので、収穫時には残す。

収穫直後の果実は硬くて酸味が強くて食べられないので、リンゴと一緒にポリ袋に入れ、15℃程度の日陰に置いて6〜12日程度放置させる（追熟する）と食べられる。

収穫適期の目安

雌木の品種の果肉の色	収穫適期
赤色	10月上旬〜中旬
黄色	10月下旬〜11月上旬
緑色	11月中旬〜下旬

7 剪定

12月～2月

重要度：★★★

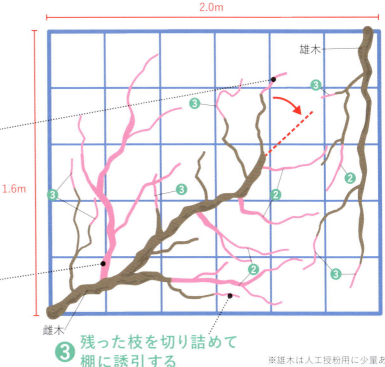

❶ 骨格となる枝の先端付近を切る

骨格となる枝の先端付近から切りはじめる。棚にスペースがある場合は木を拡大し、ない場合は縮小する。

❷ つけ根の枝に更新しながら枝を間引く

なるべく古い枝を、つけ根にある新しい枝に更新しながら、混み合った枝を間引く。

❸ 残った枝を切り詰めて棚に誘引する

残った枝を切り詰めて、棚に誘引する。加えて果梗をすべて切り取る。

※雄木は人工授粉用に少量あればよいので、雌木の邪魔にならないように、コンパクトに仕立てて棚の端に誘引する

理解してから切ろう！

果実がなる位置と枝の切り詰め方

- 花芽の種類：混合花芽（ひとつの花芽から枝が伸び、複数の花が咲く）
- 花芽と葉芽の区別：外見でつきにくい
- 花芽がつく位置：枝の全域（枝のつけ根の数芽や果梗よりも基部に近い芽を除く）
- 果実がなりやすい位置：ほとんどすべての枝

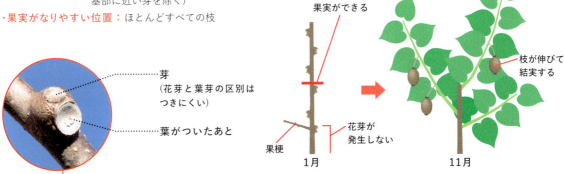

花芽は枝のつけ根付近を除いて枝の全域に広く点在しているので、すべての枝先を切り詰めても結実します。切り詰める長さは、果梗（果実の軸）の有無や品種によって調節するとよいでしょう（93ページ）。枝の発生が多く、それぞれの枝も長いので、棚やフェンスなどがスカスカになるくらい間引くことが重要です。

❶ 骨格となる枝の先端付近を切る

主枝などの骨格となる枝の先端付近から切りはじめることで、樹形のイメージがつきやすくなります。スペースがない場合は、木を縮小します。

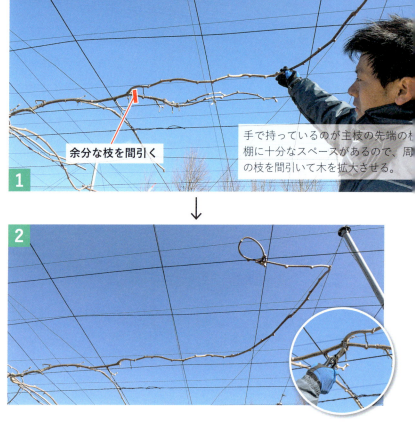

余分な枝を間引く

手で持っているのが主枝の先端の枝。棚に十分なスペースがあるので、周りの枝を間引いて木を拡大させる。

不要な枝をつけ根で切って、先端の枝が伸びるスペースを確保する。残した枝は❸で切り詰めて、棚に固定する。

---

❷ つけ根の枝に更新しながら枝を間引く

棚1㎡当たり枝2〜3本を目安に、スカスカになるくらい枝を間引きましょう。なるべく古い枝を切って、つけ根にある新しい枝に更新するのがポイントです。

前 古い枝 新しい枝

長短さまざまな枝が伸びているため、つけ根から間引いて今以上にすっきりさせる。

後 1㎡あたり枝2〜3本を残す

間引き後。枝の伸びる方向などを考慮して棚1㎡当たり枝2〜3本を目安に間引いた。

❸ 残った枝を切り詰めて棚に誘引する

残った枝を切り詰めて、新しい枝の発生を促します。切り詰めた枝はひもなどを用いて棚に誘引します。果梗(前シーズンの果実の軸)には果実軟腐病などの病原菌が潜んでいることがあるので、すべて残らず切り取ります。

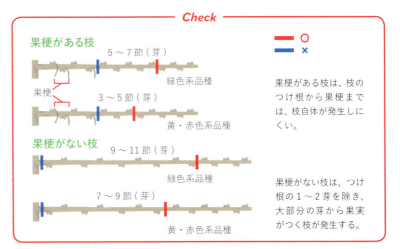

Check

果梗がある枝
- 5〜7節(芽) 緑色系品種
- 3〜5節(芽) 黄・赤色系品種

果梗がある枝は、枝のつけ根から果梗までは、枝自体が発生しにくい。

果梗がない枝
- 9〜11節(芽) 緑色系品種
- 7〜9節(芽) 黄・赤色系品種

果梗がない枝は、つけ根の1〜2芽を除き、大部分の芽から果実がつく枝が発生する。

写真は果梗がある緑色系品種の'ヘイワード'の枝なので、果梗から7芽程度を残して切り詰める。その後、果梗を切り取り、誘引する。

病害虫と生理障害

病 かいよう病
発生：4〜10月
特徴：葉では褐色の斑点が発生し、周囲が黄色く変色することが多い。枝では患部が褐変して枯れ広がり、枯死することも。
防除：感染した部位は見つけ次第、取り除く。傷口から感染するので、剪定後には必ず癒合促進剤を塗る。薬剤の散布も効果的。

病 果実軟腐病
発生：11〜3月
特徴：果実が部分的に黄色く腐る。感染は6〜7月や9月の長雨の時期だが、発病するのは収穫後の果実が追熟してから。
防除：剪定などで枝を間引いて日当たりや風通しをよくする。収穫果の追熟の温度を高くしすぎない(15℃以内)と発病が少ない。

虫 コガネムシ類
発生：4〜11月
特徴：成虫は葉を網目状に食い荒らし、幼虫は根を食害する。鉢植えで幼虫が発生すると木が枯れることもある。
防除：成虫は見つけ次第、捕殺する。鉢植えは植え替え時に幼虫を探して捕殺する。

グミ

| グミ科グミ属 | 難易度 やさしい

　数少ない日本原産の果樹で、日本全国に自生しています。果皮には舌に残るような独特のえぐみがあり、山野に自生する果実ならではの風情を楽しめます。
　病害虫に比較的強く、摘果や袋がけのような作業も少なく、手間があまりかからない果樹だといえます。実つきが悪い場合やビックリグミは人工授粉を行い、果実が完熟してから収穫します。徒長枝が発生しやすいので、剪定でしっかりと切り取りましょう。

栽培のポイント

- ビックリグミは受粉樹が必要
- 完熟しないと果実のえぐみが強い
- 剪定して低い樹高を維持する

基本データ

形態：落葉小高木（落葉種）、常緑小高木（常緑種）
受粉樹：不要（品種による）
仕立て：変則主幹形仕立て（ほか開心自然形仕立てなど）
耐寒気温：-20℃（落葉種）、-5℃（常緑種）（詳細は不明）
とげ：有（品種による）　　土壌pH：5.0～6.5
施肥量の目安（樹冠直径1m未満）：
元肥（2月）油かす150g
追肥（6月）化成肥料45g
礼肥（10月）化成肥料30g

樹高：2m程度

棒苗から結実まで：4～6年程度

COLUMN

グミの種類と品種

　落葉種と常緑種があり、ナツグミ（5～6月収穫）やアキグミ（8～9月収穫）は落葉種です。ナツグミにはビックリグミやセイヨウグミなどの変種や園芸種があります。常緑種にはナワシログミやマルバグミ（ともに5月収穫）などがあります。

常緑種のナワシログミ

おもな品種

種類・品種名	落葉・常緑	収穫期 5月	6月	7月	8月	9月	特徴
ナツグミ	落葉	■	■				開花は4月頃で5～6月に収穫できる。赤くて甘い果実をつける。
ビックリグミ（ダイオウグミ）	落葉	■	■				ナツグミの変種で極大果をつける。受粉樹にナツグミを植えるとよい。
アキグミ	落葉				■	■	開花は6月頃で8～9月に収穫できる。果実は小ぶりで酸味が強い。
ナワシログミ	常緑	■					11月頃に開花して果実が越冬し、翌5月に収穫できる。小ぶりだが甘い。

栽培カレンダー

3 剪定：ナツグミ、アキグミ（→P97）
1 人工授粉：ナツグミ（→P96）
2 収穫：ナツグミ、常緑種（→P96）
3 剪定：常緑種
1 人工授粉：アキグミ
2 収穫：アキグミ
1 人工授粉：常緑種

中央：植えつけ（厳寒期を除く）／植えつけ（常緑種）／肥料（元肥）／肥料（追肥）／肥料（礼肥）

鉢植えの管理作業

人気のビックリグミ（写真）は実つきが悪いので、受粉樹としてナツグミを別の鉢に植え、近くで育てるとよい。

樹高 1.3m程度

水やり
鉢土の表面が乾いたらたっぷり。乾燥に比較的強い

肥料〔8号鉢（直径24㎝）〕
元肥（2月）→油かす 30g
追肥（6月）→化成肥料 10g
礼肥（10月）→化成肥料 8g

仕立て方
変則主幹形仕立て（写真）、開心自然形仕立て

棒苗から結実まで 2～4年程度

置き場
春～秋：日当たりがよくて、雨の当たらない軒下など
冬：落葉種　屋外（−20～7℃程度）。日当たりや雨は問わない
　　常緑種　−5℃以下にならない日なた

用土
市販の「果樹・花木用の土」。なければ「野菜用の土」：鹿沼土小粒＝7：3。鉢底には鉢底石を3㎝程度敷き詰める

Part 2 ｜ 果樹の育て方　グミ　95

作業

1. 人工授粉

4月（ナツグミ）、
6月（アキグミ）、
11月（常緑種）

重要度：★★☆

目的

毎年のように実つきが悪い場合に行います。とくにビックリグミ（ダイオウグミ）は、自身の花粉では結実しにくいので、受粉樹のナツグミで人工授粉するとよいでしょう。

花弁の先端がせまく、絵筆などが雄しべに届きにくいので、雄花を直接摘み、花弁を手でちぎって雄しべをむき出しにする。オリーブ（66ページ）のようにコップに花粉を受けてもよい。

雄しべを雌しべにこすりつける。1花で20花程度受粉できる。

---

2. 収穫

5月～6月中旬
（ナツグミ、常緑種）、
8月中旬～9月中旬
（アキグミ）

重要度：★★★

方法

色づいた果実を順次収穫します。種類や品種によって収穫時期が異なります。果皮にえぐみがありますが、完熟するにしたがって弱まるので収穫時期の見極めが重要です。味見をしてから収穫しましょう。

ビックリグミ（ダイオウグミ）

ナツグミ

アキグミ

果梗（かこう／果実の軸）をつまんで下に引っ張ると収穫できる。ハサミを用いてもよい。

3 剪定

12月～2月（ナツグミ、アキグミ）
6月（常緑種）

重要度：★★★

※常緑種は収穫が完了した6月に剪定するとよい。

❶ 木の広がりを抑える

木の高さや横への広がりを抑えたり、さらにコンパクトにしたい場合は、何本かの枝をまとめて切り取る。

❷ 不要な枝を間引く

交差枝や徒長枝、枯れ枝、混み合った枝などの不要な枝をつけ根で間引く。

❸ 残った枝の先端を切り詰める

残った枝のうち、長い枝だけ選んで先端を1/3～1/4程度切り詰める。

理解してから切ろう！

果実がなる位置と枝の切り詰め方

- 花芽の種類：混合花芽（ひとつの花芽から枝が伸び、複数の花が咲く）
- 花芽と葉芽の区別：外見でつきにくい
- 花芽がつく位置：枝の全域（おもに枝の先端付近）
- 果実がなりやすい位置：短果枝や中果枝

芽
（花芽と葉芽は区別しにくい）

20cm以上の枝の先端を切り詰めて短果枝や中果枝を発生させる

伸びた枝に結実する

1月　　5月

短果枝や中果枝に果実がなりやすい

花芽は葉芽よりも大きい傾向にありますが、大きい葉芽もあるので外見で見分けるのは困難です。
基本的には枝の長さにかかわらず結実しますが、20cm以下の短果枝や中果枝に花芽が多くつきます。短果枝や中果枝を多く発生させるには、20cm以上の長い枝の先端を1/3～1/4程度切り詰めると効果的です。

Part 2 ｜ 果樹の育て方　**グミ**

❶ 木の広がりを抑える

高さや横への広がりをコンパクトにしたい場合は、何本かの枝をまとめて切り取ります。枝の分岐部を切り残しがないように切るのがポイントです。

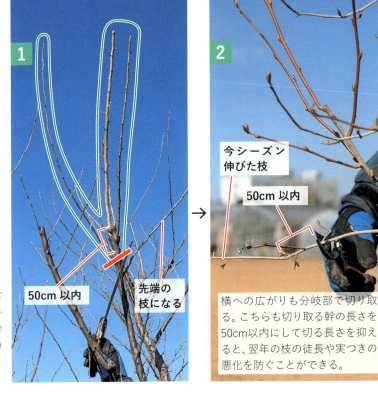

樹高を低くする場合は、ノコギリで枝をまとめて切り取る。分岐部で切ることと、切り取る幹（前シーズン以前に伸びた枝）の長さを50cm以内にすることがポイント。

横への広がりも分岐部で切り取る。こちらも切り取る幹の長さを50cm以内にして切る長さを抑えると、翌年の枝の徒長や実つきの悪化を防ぐことができる。

❷ 不要な枝を間引く

不要な枝をつけ根から間引きます。栽培環境がよいと徒長枝が発生しやすいので、残らず切り取ります。

徒長枝は結実しないばかりか、樹形を乱すのでつけ根で切り取る。

Check

短い枝の先端がとげのように鋭いので、作業の際には注意します。とくに若木で発生が多くなります。

不要な枝をすべて間引く。全体の枝の量のうち、3～5割の枝を切り取るのが目安。

❸ 残った枝の先端を切り詰める

若くて充実した枝の発生を促すため、20cm以上の長い枝だけ選び、先端を切り詰めます。木の生育によって長さの基準は異なるので、20cmという数字はあくまで目安としましょう。

今シーズンに伸びた枝の先端を1/3～1/4程度切り詰めて、木を若返らせるのが長く収穫を楽しむポイント。切り詰めすぎると徒長枝が発生しやすいので注意。写真では1/4の部分が内芽なので、やや長めに枝を残して切り詰めた。

剪定の前と後

前

→

後

混み合った部分を中心に、3割程度間引いた。生育旺盛な木は多く、弱っている木は少なくするなど、切り取る枝の量を調整するとよい。

病害虫と生理障害

虫 アブラムシ類
発生：5～9月
特徴：いろんな種類のアブラムシ類が若い枝葉を吸汁する。新梢の先端付近にとくに発生しやすい。すす病も併発する。
防除：とくに若い葉の裏側をよく観察し、見つけ次第、捕殺する。

虫 ハマキムシ類
発生：4～10月
特徴：ガの幼虫が果実や枝葉などを食害する。周囲に黒くて丸い糞や白い糸が残っているので見分けることができる。
防除：とくに若い葉や果実をよく観察し、見つけ次第、捕殺する。

虫 ミノガ類
発生：5～9月
特徴：5～9月にガの幼虫がふ化して葉を食害し、ミノをつくってさなぎになる。食害されたあとはおもに円形。
防除：幼虫が発生する5～9月に木をよく観察して捕殺する。ミノについても見つけ次第、処分する。

クリ

|ブナ科クリ属|　難易度 やさしい

　チュウゴクグリ、ヨーロッパグリ、アメリカグリなどが北半球の広い地域に自生し、国内ではおもに日本原産のニホングリに関係する品種が栽培されます。
　作業の最大のポイントは剪定です。剪定しないと木の内部が枯れ、たとえ大木になっても収穫量が減少する傾向にあります。作業できる範囲の樹高を維持するのが理想的です。果実は落ちてから収穫しましょう。新梢の間引き、摘果は余裕があれば行います。

栽培のポイント
- 受粉樹が必要
- すべての枝の先端を切り詰めると収穫皆無に
- 剪定して木全体に日光が当たるように

基本データ

形態：落葉高木　受粉樹：必要
仕立て：開心自然形仕立て（ほか変則主幹形仕立てなど）
耐寒気温：－15℃
とげ：無　土壌pH：5.0～5.5
施肥量の目安（樹冠直径1m未満）：
元肥(2月) 油かす 150g
追肥(6月) 化成肥料 45g
礼肥(10月) 化成肥料 30g

樹高：3.5m程度

棒苗から結実まで：3～5年程度

COLUMN

雌花と雄花

　同じ木に雌花と雄花が分かれて咲きます。雄花は3mm程度の小花が集まって、猫のしっぽのような形（雄花穂）になり、雌花は雄花穂のつけ根に1花だけ咲き（帯雌花穂）、成長して果実（イガ）になります。花粉は風や昆虫によって運ばれます。

帯雌花穂
雄花穂（雄花の集まり）
雌花

おもな品種

品種名	クリタマバチ抵抗性(→P105)	収穫期 8月	収穫期 9月	収穫期 10月	特徴
森早生	やや強		■		果樹重18gの小果で収穫量もやや少ないが、早生なので病害虫の被害が少ない。
ぽろたん	強		■		果樹重30gの大果。電子レンジなどで加熱すると、なかの渋皮が簡単にむける。
とげなし栗	強			■	果樹重20g。イガのとげが極めて短いので、収穫時に危険な思いをしなくてもよい。
美玖里	強			■	果樹重28gと果実が大きく、甘味や香りが強い。ぽろたんの受粉樹に最適。

栽培カレンダー

- 4 剪定（→P103）
- 肥料（元肥）
- 植えつけ（厳寒期を除く）
- 肥料（礼肥）
- 肥料（追肥）
- 1 新梢の間引き（→P102）
- 2 摘果（→P102）
- 3 収穫（→P102）

鉢植えの管理作業

庭植えで大きく仕立てるイメージだが、鉢植えでも結実する。受粉樹が必要なので、近くに異なる品種を育てる。

樹高 1.5m程度

水やり
鉢土の表面が乾いたらたっぷり

肥料〔8号鉢（直径24㎝）〕
元肥（2月）→油かす 30g
追肥（6月）→化成肥料 10g
礼肥（10月）→化成肥料 8g

仕立て方
変則主幹形仕立て（写真）、開心自然形仕立てなど

棒苗から結実まで 2～4年程度

置き場
春～秋：日当たりがよくて、雨の当たらない軒下など
冬：屋外（-15～7℃程度）。日当たりや雨は問わない

用土
市販の「果樹・花木用の土」。なければ「野菜用の土」：鹿沼土小粒＝7：3。鉢底には鉢底石を3㎝程度敷き詰める

作業

1 新梢の間引き

7月～8月

重要度：★☆☆

目的

必須の作業ではありませんが、新梢が混み合うと日当たりや風通しが悪くなり、病害虫が発生しやすくなるので、可能なら行うとよいでしょう。

多くの新梢があるのでやや混み合っている。昨年伸びた茶色の枝(前年枝)ではなく、今年伸びた黄緑色の枝(新梢)を間引く。

間引いたおかげで日当たりや風通しがよくなった。

---

2 摘果

7月

重要度：★☆☆

目的

手が届かないことが多いので、生産者でも摘果はあまり行われません。家庭でも基本的には不要ですが、大きな果実を収穫したい場合のみ、1枝に1果程度に摘果しましょう。

1枝に3果ついていたので1枝1果に間引く。大きな果実を選び、ほかをハサミで切り取る。

---

3 収穫

8月下旬～10月

重要度：★★★

方法

収穫適期になるとイガごと落ちるので、落ちたイガを踏んで、果実のみを取り出します。

落ちたイガを踏んで果実を取り出しやすくする。木についたイガを棒などで無理矢理たたいて落とすと、未熟な果実が混じることもある。

白くて未熟な果実

とげに注意しながら果実のみを取り出す。火バサミなどを用いてもよい。

4 剪定 12月～2月 重要度：★★★

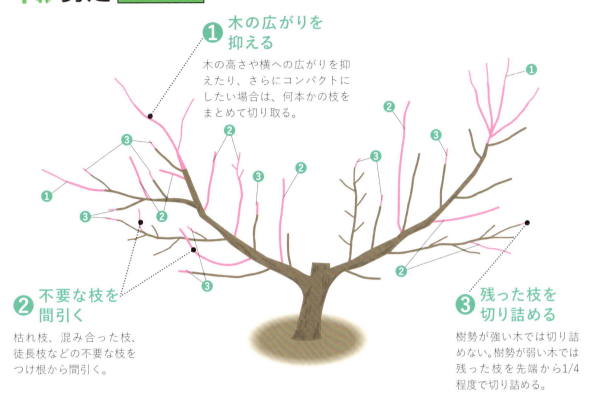

① 木の広がりを抑える
木の高さや横への広がりを抑えたり、さらにコンパクトにしたい場合は、何本かの枝をまとめて切り取る。

② 不要な枝を間引く
枯れ枝、混み合った枝、徒長枝などの不要な枝をつけ根から間引く。

③ 残った枝を切り詰める
樹勢が強い木では切り詰めない。樹勢が弱い木では残った枝を先端から1/4程度で切り詰める。

理解してから切ろう！
果実がなる位置と枝の切り詰め方

- 花芽の種類：混合花芽（ひとつの花芽から枝が伸び、複数の花が咲く）
- 花芽と葉芽の区別：外見でつきにくい
- 花芽がつく位置：枝の先端の1～3芽（帯雌花穂）、枝の先端から中間付近（雄花穂）
- 果実がなりやすい位置：短果枝や中果枝

雌花と雄花の両方がつく花芽が枝の先端3芽程度までつき、その下に雄花だけの花芽、その下に葉芽がつきます。
雄花の花芽は前年の夏頃に形成されますが、雌花の花芽は開花直前の4月頃に枝が伸びながら形成されます。このため、冬の剪定時に1/4程度切り詰めても、雄花の花芽が残っていれば収穫できます。

Part 2 | 果樹の育て方 クリ 103

❶ 木の広がりを抑える

大木になりやすい果樹なので、剪定時に手が届かなくなる前に木の広がりを抑えることが重要です。何本かの枝をまとめて切り取ります。

樹高を低くする場合は、写真のように分岐部で切って先端となる枝をⒶの枝から下の枝Ⓑに交換するイメージ。切り取る幹(前シーズン以前に伸びた枝)の部分の長さが50cm以内に収まるように切る。

若木の頃から木の広がりを抑え、はしごに登って手が届く範囲で剪定できるような木に仕立てるのが理想的。大木になってから太い枝を切ると徒長枝が大量に発生して実つきが悪くなる。

---

❷ 不要な枝を間引く

枯れ枝、混み合った枝、徒長枝などの不要な枝をつけ根から間引きます。全体の枝の量のうち、2〜4割の枝を切り取るのが目安です。

主枝や亜主枝などの骨格となる枝の先端が複数本に枝分かれしている。1本を残してほかを切る。

剪定後。骨格となる枝は重要なので、充実させるために1本にした。このあと❸で切り詰める。

徒長枝など不要な枝はつけ根から間引く。

❸ 残った枝を切り詰める

残った枝は必要に応じて先端を切り詰めます。木の樹勢や枝の場所などによって切り詰めの有無が異なります。

主枝や亜主枝などの先端は1/4程度切り詰める

樹勢が弱い場合も同様に切り詰める

主枝や亜主枝などの骨格となる枝、若くて充実した枝があまり発生していない木(樹勢が弱い木)は、充実した枝を発生させるために先端を1/4程度切り詰める。樹勢が強い木では骨格となる枝以外は切り詰めない。

剪定の前と後

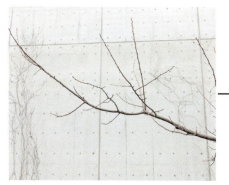 →

剪定で3割程度の枝を切り取った。生育が旺盛な木と、弱っている木で切る量を調整する。

病害虫と生理障害

虫 クリタマバチ
発生：5～8月
特徴：芽が赤く肥大した「虫こぶ」ができることで枝が伸びない。小さなハチが芽に産卵して、虫こぶのなかで成虫になる。
防除：抵抗性が強い品種を育てるのが効果的。また、樹勢が強い木には発生にしくいので、剪定して新しい枝の発生を促す。

虫 シンクイムシ類
発生：6～10月
特徴：モモノゴマダラメイガなどのガの幼虫が、おもに果実を食害する。イガの割れ目から出る糸でつながった糞が特徴的。
防除：幼果の時期から発生するので、見つけ次第、イガごと処分する。発生がひどいようなら殺虫剤の散布が効果的。

虫 クリシギゾウムシ
発生：10～11月
特徴：収穫果を1～2週間ほど常温で放置すると、幼虫がふ化して果実の内部を加害する。果実に穴を空けて外に出ることもある。
防除：現状では、殺虫剤の散布以外に効果的な防除法はない。卵からふ化する前に熱を加えて調理すれば害はない。

サクランボ

| バラ科サクラ属 |　難易度 むずかしい

　果実が高価で収穫後は傷みやすいので、家庭で育てるメリットが大きい果樹といえますが、注意すべきポイントが多く、難易度が高い果樹ともいえます。
　まずは、相性のよい受粉樹を用意し、人工授粉します。次に果実を雨や病害虫から守る袋がけをします。収穫は適期を守り、剪定も重要です。摘果は果実のつきすぎや品質をよくしたい場合のみ行います。

栽培のポイント
- 相性のよい受粉樹を近くに植える
- 水に濡れると裂果する
- 枝を横向きに誘引して花束状短果枝をつける

基本データ

形態：落葉高木　　受粉樹：必要
仕立て：開心自然形仕立て（ほか変則主幹形仕立てなど）
耐寒気温：－15℃
とげ：無　　　　　土壌pH：5.0～6.0
施肥量の目安（樹冠直径1m未満）：
元肥（11月）油かす 130g
追肥（4月）化成肥料 40g
礼肥（7月）化成肥料 30g

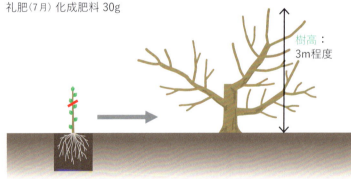

棒苗から結実まで：4～6年程度

COLUMN

果実は水に弱い

　成熟直前の果実に雨などの水がかかると、水を吸って割れる可能性があります。そのためサクランボ生産者のほとんどがハウスで栽培しています。家庭では袋がけや鉢植えで育てるか、または雨に強い'暖地桜桃'などの品種を選ぶとよいでしょう。

雨に濡れて割れた果実

おもな品種

品種名	受粉樹	収穫期 5月	収穫期 6月	収穫期 7月	特徴
暖地桜桃（だんちおうとう）	不要	■	■		果実重4g。受粉樹が不要で雨に強い品種。育てやすいので庭木としても利用される。
佐藤錦（さとうにしき）	必要		■		サクランボの定番品種。果実重6gで、大きさや味に優れるが、熟しすぎると味が落ちる。
紅秀峰（べにしゅうほう）	必要		■		果実重9gと果実が大きく味もよいので、近年人気の高まっている品種。佐藤錦の受粉樹にも向く。
月山錦（がっさんにしき）	必要			■	果皮が淡い黄色で果実重10gの大果の品種。紅秀峰などを受粉樹にするとよい。

栽培カレンダー

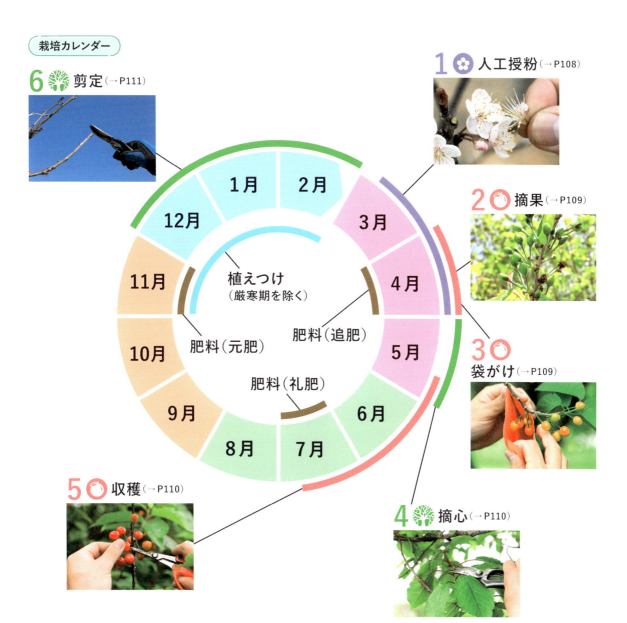

- 6 剪定（→P111）
- 1 人工授粉（→P108）
- 2 摘果（→P109）
- 3 袋がけ（→P109）
- 4 摘心（→P110）
- 5 収穫（→P110）

カレンダー内：
- 1月〜2月、12月：植えつけ（厳寒期を除く）
- 3月〜5月：肥料（追肥）
- 11月：肥料（元肥）
- 7月：肥料（礼肥）

鉢植えの管理作業

樹高が高くなりやすいので、なるべく株元に近い枝を大事に養成し、コンパクトな木になるように心がける。

樹高　1.5m程度

水やり
鉢土の表面が乾いたらたっぷり。果実に水がかかると割れるので株元に向かってやる

肥料〔8号鉢（直径24cm）〕
元肥（11月）→油かす 20g
追肥（4月）→化成肥料 10g
礼肥（7月）→化成肥料 8g

仕立て方
変則主幹形仕立て（写真）、開心自然形仕立て

棒苗から結実まで　3〜5年程度

置き場
春〜秋：日当たりがよくて、雨の当たらない軒下など
冬：屋外（−15〜7℃程度）。日当たりや雨は問わない

用土
市販の「果樹・花木用の土」。なければ「野菜用の土」：鹿沼土小粒＝7：3。鉢底には鉢底石を3cm程度敷き詰める

Part 2 | 果樹の育て方　サクランボ　107

作業

1. 人工授粉

3月中旬～4月

重要度：★★☆

目的

基本的には昆虫などが受粉するので、人工授粉は不要ですが、毎年のように実つきが悪い場合は行います。
下の表の相性のよい品種間で受粉させる必要があります。

開花中の花のうち、花粉を出す葯（やく）が開いた直後で花粉が豊富な花を選んで摘み取り、摘んだ花とは別の木（品種）の花にこすりつける。終わったら、授ける側と授けられる側の品種を交代して再度受粉する。

木が大きくて受粉させる花が多い場合は、コップなどに花粉を受けてから受粉してもよい。

Check

品種間の相性に注意

受粉の際には品種間の遺伝的な相性が重要です（右表）。
異なる品種であっても、例えば、'佐藤錦'と'月山錦'は遺伝的な相性が悪いので、受粉しても結実しにくいです。遺伝的な相性がよく、さらに開花期が合い、花粉が多い品種が受粉樹に向いています。

雌しべ ＼ 雄しべ	暖地桜桃	香夏錦	高砂	佐藤錦	紅秀峰	紅きらり	月山錦
暖地桜桃	○	—	—	—	—	—	—
香夏錦	—	×	○	○	×	○	○
高砂	—	○	×	○	○	○	○
佐藤錦	—	○	○	×	○	○	×
紅秀峰	—	×	○	○	×	○	○
紅きらり	—	○	○	○	○	○	○
月山錦	—	○	○	×	○	○	×

※暖地桜桃は、他の品種よりも開花期が早く、受粉樹には向かない
※参考：「果樹園芸大百科 第10巻 オウトウ」（農文協）

2 摘果

4月

重要度：★☆☆

目的

豊作と不作を繰り返す隔年結果を起こしにくいので、必須の作業ではありません。果実がつきすぎている部位や大きくて品質のよい果実を収穫したい場合のみ、摘果しましょう。

それぞれ2～3果残す

それぞれの果実の集まり（果そう）ごとに、形のよいものや大きいものを選び、2～3果残るようにハサミで間引く。

---

3 袋がけ

4月

重要度：★★☆

目的

必須の作業ではありませんが、庭植えで果実が割れる裂果が多発する場合や、病害虫、小鳥などの被害にさらされて思うように収穫できない場合は、袋がけをするとよいでしょう。

1

色づく前に袋をかける

果実が色づく前に、果実の集まり（果そう）に市販のナシやリンゴ用の果実袋を流用してかぶせる。

2

雨水や害虫が入らないように付属の針金を巻いて、しっかりと固定する。すべての果そうにかけると大変な場合は、最低限の数だけでもよい。

| Part 2 | 果樹の育て方 | サクランボ

4 摘心

5月

重要度：★★☆

目的

翌年以降に結実する枝の生育が止まるように、生育初期に先端を摘み取ります。日当たりや風通しをよくするのと同時に枝を充実させて、花芽を多くつけさせるのが目的です。

枝が上を向いているので伸びる可能性が高い。葉3〜4枚程度残し、葉のつけ根の少し上で摘心する。

葉3〜4枚程度残す

摘心することで、枝の成長に使われる養分が葉のつけ根の芽に回り、花芽がつきやすくなる。摘心は翌年果実をならせたい新梢だけに行う。

---

5 収穫

5月下旬〜7月中旬

重要度：★★★

方法

果実袋をかぶせている場合は、一時的にはずして果実の色を確認し、全体が色づいたものを選んで収穫します。適期より早いと酸味が強く、遅いと果実がやわらかくなりすぎて食味が悪くなります。

全体に色づいた果実だけを選んで収穫する。

果梗（かこう／果実の軸）を手で軽く支え、上に持ち上げる。収穫後は傷みやすいのでなるべく早く食べるとよい。

Check

果梗をハサミで切り取ってもよいでしょう。

6 剪定 12月～2月 重要度：★★★

❶ 木の広がりを抑える
木の高さや横への広がりを抑えたり、さらにコンパクトにしたい場合は、何本かの枝をまとめて切り取る。

❷ 不要な枝を間引く
交差枝や徒長枝、胴吹き枝、混み合った枝などの不要な枝をつけ根で間引く。

❸ 残った枝の先端を切り詰める
残った長い枝の先端を1/4～1/5程度切り詰め、若い枝の発生を促す。

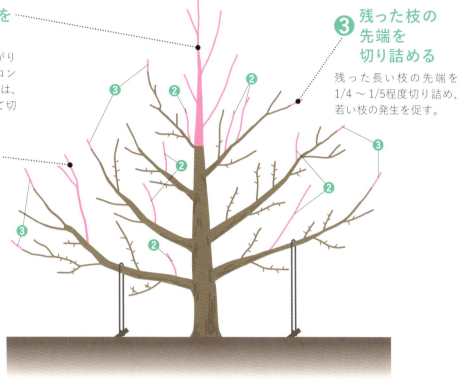

理解してから切ろう!

果実がなる位置と枝の切り詰め方

- 花芽の種類：純正花芽（ひとつの花芽から複数の花が咲く）
- 花芽と葉芽の区別：外見でつきにくい
- 花芽がつく位置：枝の全域
- 果実がなりやすい位置：花束状短果枝

葉芽は花芽よりも少し小さく尖っていますが、両者を見分けるには経験が必要です。葉芽から伸びた枝葉が3㎝以内で止まり、花芽や葉芽が密集した状態を花束状短果枝といい、おもにこの部位についた果実を収穫します。
枝を横向きに誘引したり、摘心したりすることで花束状短果枝がつきやすくなります。

Part 2 | 果樹の育て方 サクランボ　111

❶ 木の広がりを抑える

大木になりやすい果樹なので、早めに高さ（芯）を止めることが重要です。高さや広がりを抑えるために何本かの枝をまとめて切り取ります。

先端の枝は早めに切る

先端付近の枝を切り取って芯を止める。亜主枝の候補となる枝が同じ位置から枝分かれしているうえ、将来的に混み合う可能性があるので間引く。残した枝の先端は❸で切り詰める。

---

❷ 不要な枝を間引く

交差枝や徒長枝、胴吹き枝、枯れ枝、混み合った枝などの不要な枝をつけ根で間引く。

長く使用した枝は枯れるので、つけ根で切る。このほか、不要な枝はすべて切り取る。

Check

枝を横向きにする

枝が直立すると花束状短果枝がつきにくいので、地面に打った杭や太い枝にかけたひもを使って、直立した枝が横向きになるように引っ張ります。

❸ 残った枝の先端を切り詰める

今シーズンに伸びた枝の先端を切り詰めて、若い枝の発生を促します。若い枝が発生すると結実する部分が増えます。

1 先端を1/4～1/5程度切り詰める

残った長い枝の先端を1/4～1/5程度切り詰め、若い枝を発生させて結実部位を増やす。

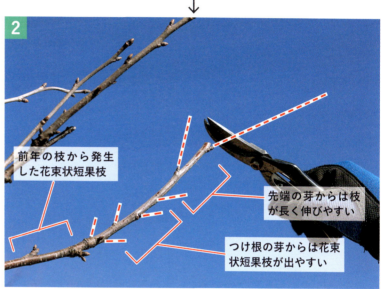

2
- 前年の枝から発生した花束状短果枝
- 先端の芽からは枝が長く伸びやすい
- つけ根の芽からは花束状短果枝が出やすい

芽の上で切る。花束状短果枝をつけるには切り詰めすぎないことがポイント。

病害虫と生理障害

病 炭そ病
発生：5～9月
特徴：果実に茶褐色の病斑が発生し、深くくぼんで黒色に変色し、表面に黄色の粉をふく。周囲の葉が落葉することもある。
防除：被害果は見つけ次第、取り除く。剪定を徹底して日当たりや風通しをよくすると発生しにくい。

病 灰星病
発生：5～7月
特徴：収穫直前の果実に褐色の斑点が発生し、やがて果実全体に灰色の胞子がおおって腐る。最後には果実がミイラ化する。
防除：被害果は見つけ次第、取り除く。ミイラ化した果実を残すと翌年にも影響が出るので注意が必要。袋がけも効果的。

虫 オウトウショウジョウバエ
発生：6～7月
特徴：成熟した果実に小さなハエの成虫が産卵する。その後、ウジ虫状の幼虫がふ化して果実を食い荒らす。
防除：被害果は見つけ次第、取り除く。果実を取り残すと産卵場所となり、翌年の発生数が増えるので注意する。

スグリ・フサスグリ

| スグリ科スグリ属 | 難易度 やさしい

スグリ（グーズベリー）とフサスグリ（カーラント）は酸味が強く欧米ではジャムやソースなどに利用されています。国内の認知度はまだ低いものの、青森市ではカシス（クロフサスグリ）の産地化が急速に進んでいます。

受粉樹が不要で、寒さや病害虫にも強く、摘果などの作業の手間があまりかからないので、ビギナー向きの果樹といえます。作業は収穫と剪定を中心に、実つきが悪い場合のみ人工授粉します。

栽培のポイント

- あまり手間がかからない
- 暑さがやや苦手
- 果実がなりやすい短果枝を大事に

基本データ

形態：落葉低木　受粉樹：不要
仕立て：株仕立て
耐寒気温：ともに－25℃程度（詳細は不明）
とげ：有（スグリ）　無（フサスグリ）
土壌pH：5.0～6.5（詳細は不明）
施肥量の目安（樹冠直径1m未満）：
元肥(2月) 油かす 130g
追肥(5月) 化成肥料 30g
礼肥(9月) 化成肥料 30g

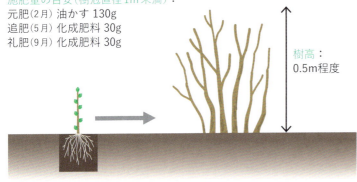

棒苗から結実まで：2～3年程度

COLUMN

スグリとフサスグリの違い

スグリとフサスグリは似た名前ですが、異なる植物です。スグリは1か所に1～3果程度しかつきませんが、フサスグリはブドウの房のように5～20果程度つきます。また、スグリには枝にとげがありますが、フサスグリにはありません。

	スグリ	フサスグリ
果実の色	赤、黄、緑、紫など	赤、淡桃（白）、黒、赤白の縞模様など
果実重（1個）	10g程度	3g程度
結実の仕方	1～3果が独立して結実する	房状にまとまって結実する
とげ	あり	なし

おもな品種

果樹	分類	品種名	果実色	収穫期 6月	収穫期 7月	特徴
スグリ（グーズベリー）	アメリカスグリ	ピクスウェル	紫	■	■	果実は紫色。暑さに比較的強い品種。
フサスグリ（カーラント）	アカフサスグリ	ロンドン・マーケット	赤	■	■	豊産性で木の生育がよい。耐暑性が弱い。
フサスグリ（カーラント）	シロフサスグリ	ホワイト・ダッチ	白（淡桃）	■	■	赤フサスグリの変種。豊産性だが耐暑性が弱い。
フサスグリ（カーラント）	クロフサスグリ（カシス）	ボスコープ・ジャイアント	黒		■	人工授粉すると実つきがよくなる。生食よりは加工用に向く。

※フサスグリは品種が明記されず、「アカフサスグリ」などと分類名だけが明記されて売られていることが多い

栽培カレンダー

鉢植えの管理作業

スグリ、フサスグリとも管理は同じ（写真はフサスグリ）。育てやすく、受粉樹が不要。

樹高　0.5m程度

水やり
鉢土の表面が乾いたらたっぷり

肥料〔8号鉢（直径24cm）〕
元肥（2月）→油かす 20g
追肥（5月）→化成肥料 8g
礼肥（9月）→化成肥料 8g

仕立て方　株仕立て（写真）
棒苗から結実まで　1〜2年程度
置き場
春〜秋：日当たりがよくて、
　　　　雨の当たらない軒下など。
　　　　開花期に気温が高いと
　　　　実つきが悪いので注意
冬：屋外（−25〜7℃程度）。
　　日当たりや雨は問わない

用土
市販の「果樹・花木用の土」。なければ「野菜用の土」：鹿沼土小粒＝7：3。鉢底には鉢底石を3cm程度敷き詰める

Part 2 | 果樹の育て方　スグリ・フサスグリ　115

作業

1 人工授粉

4月～5月

重要度：★☆☆

目的

毎年のように実つきが悪い場合のみ行います。受粉樹が不要なので、同じ花のなかの雌しべと雄しべを乾いた絵筆などで軽く触れるだけで大丈夫です。

スグリ

同じ花のなかの雌しべと雄しべを乾いた絵筆などで軽く触れる。

フサスグリ

スグリと同じ方法で人工授粉をする。花弁が黄緑色で小さく、花は目立たない。

---

2 収穫

6月～8月

重要度：★★★

方法

色づいた果実を順次収穫します。分類や品種によって収穫時期が異なります。

フサスグリの分類

アカフサスグリ　シロフサスグリ　クロフサスグリ（カシス）

クロフサスグリは、ほかの2種とは葉や花の形が異なる。

スグリ

1～3果が独立して結実するので、色づいた果実のみを果梗（かこう／果実の軸）をつまんで収穫する。

フサスグリ

果房全体が色づいてから、果梗をつまんでまとめて収穫する。

3 剪定 12月〜2月 重要度：★★★

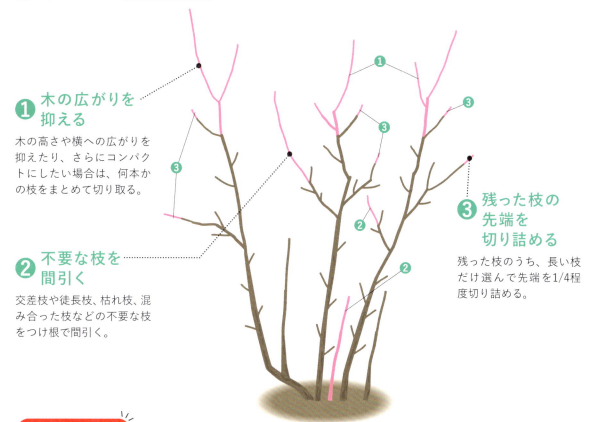

❶ 木の広がりを抑える
木の高さや横への広がりを抑えたり、さらにコンパクトにしたい場合は、何本かの枝をまとめて切り取る。

❷ 不要な枝を間引く
交差枝や徒長枝、枯れ枝、混み合った枝などの不要な枝をつけ根で間引く。

❸ 残った枝の先端を切り詰める
残った枝のうち、長い枝だけ選んで先端を1/4程度切り詰める。

理解してから切ろう！
果実がなる位置と枝の切り詰め方

- 花芽の種類：混合花芽（スグリ／ひとつの花芽から枝が伸びて1〜3個の花が咲く）
  純正花芽（フサスグリ／ひとつの花芽から複数の花が咲く）
- 花芽と葉芽の区別：外見でつきにくい
- 花芽がつく位置：枝の全域
- 果実がなりやすい位置：短果枝や花束状短果枝

スグリ 短果枝に果実がつきやすい
混合花芽（花芽と葉芽は見分けにくい）
短果枝

フサスグリ 短果枝や花束状短果枝に果実がなりやすい
花束状短果枝
短果枝
純正花芽（花芽と葉芽は見分けにくい）

スグリは混合花芽で短果枝に果実がなりやすく、フサスグリは純正花芽で短果枝や花束状短果枝（111ページ）に果実がなりやすいです。
どちらも、木の先端付近から発生する長い枝の先端を1/4程度切り詰めると、枝分かれして結実部位が増えます。

❶ 木の広がりを抑える

高さや横への広がりを抑えたり、コンパクトにしたい場合は何本かの枝をまとめて切り取ります。枝の分岐部を切り残しがないように切るのがポイントです。

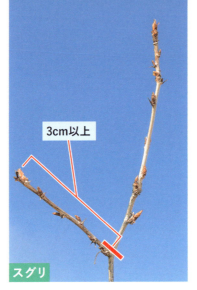

スグリ
高さを抑える場合、3cm以上の枝の分岐部で切り詰める。分岐部のつけ根で、切り残しがないようにハサミで切る。

フサスグリ
同様に枝を切り詰めるが、周囲に先端が3cm以上の枝がなければ、写真のように短い枝まで切り戻してもよい。

---

❷ 不要な枝を間引く

枯れ枝、混み合った枝、徒長枝などの不要な枝をつけ根から間引きます。スグリ、フサスグリともに枝の発生量が多くはないので、ほかの果樹ほど、多くの枝を間引く必要はありません。

株元から発生するひこばえが少し混み合っているので間引く。間引きすぎると収穫量が確保できないので、枝が交差しない程度に間引けばよい。

↓

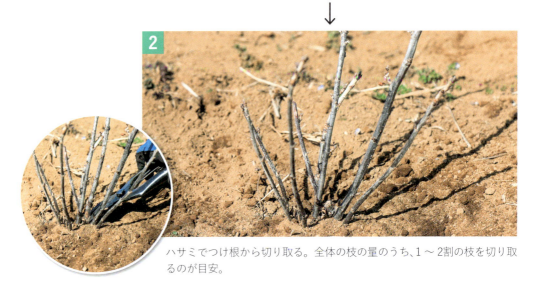

ハサミでつけ根から切り取る。全体の枝の量のうち、1〜2割の枝を切り取るのが目安。

❸ 残った枝の先端を切り詰める

残った枝で6cm以上の長い枝だけ選び、先端を切り詰め、若い枝を発生させます。木の生育によって枝の長短の基準は異なるので、6cmという枝の長さはあくまで目安としましょう。

6cm以上の枝の先端を1/4程度切り詰める

春～秋までに伸びた枝（白っぽい色をしている）のうち、6cm以上の長い枝を選び、先端を1/4程度切り詰めて、枝の発生を促す。切り詰めすぎると徒長枝が発生しやすいので注意。

剪定の前と後

前

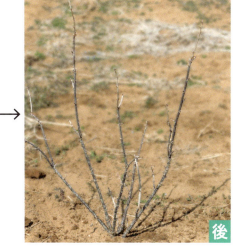
後

剪定前後。株がそれほど大きくないので、軽い剪定をした。

病害虫と生理障害

🐛 アブラムシ類
- 発生：5～9月
- 特徴：いろんな種類のアブラムシ類が若い枝葉を吸汁する。新梢の先端付近にとくに発生しやすい。すす病も併発する。
- 防除：とくに若い葉の裏側をよく観察し、発生次第、捕殺する。

🐛 ハマキムシ類
- 発生：4～10月
- 特徴：ガの幼虫が果実や枝葉などを食害する。周囲に黒くて丸い糞や白い糸が残っているので見分けることができる。
- 防除：とくに若い葉や果実をよく観察し、見つけ次第、捕殺する。

コガネムシ類の幼虫

🐛 コガネムシ類
- 発生：5～9月
- 特徴：成虫は葉を網目状に食い荒らし、幼虫は根を食害する。鉢植えで幼虫が発生すると木が枯れることもある。
- 防除：成虫は見つけ次第、捕殺する。鉢植えは植え替え時に幼虫を探して捕殺する。

スモモ
（プラム・プルーン）

| バラ科スモモ属 | 難易度 ふつう |

　国内で栽培されている大半は、中国原産のプラム（ニホンスモモ）とヨーロッパ東部原産のプルーン（ドメスチカスモモ）です。

　プラムの大半は受粉樹が必要で、プルーンは受粉樹が不要な品種も多いですが、どの品種でも異なる2品種以上で育てると実つきがよくなります。作業の流れは、摘果で果実を甘く大きくし、収穫と剪定を行います。実つきが悪い場合のみ人工授粉をします。

栽培のポイント
- 相性のよい受粉樹を近くに植える
- 大きくて甘い果実にするには摘果する
- 果実がつきやすい短果枝をつける剪定をする

基本データ
形態：落葉高木　受粉樹：必要（品種による）
仕立て：開心自然形仕立て（ほか変則主幹形仕立てなど）
耐寒気温：－18℃
とげ：無
土壌pH：5.5～6.0
施肥量の目安（樹冠直径1m未満）：
元肥(2月) 油かす130g
追肥(5月) 化成肥料30g
礼肥(9月) 化成肥料30g

樹高：2.5m程度

棒苗から結実まで：4～6年程度

COLUMN
受粉樹の相性

　遺伝的な相性が合わないと受粉樹として機能しないので注意が必要です。育てたい品種が決まったら、その品種に最適な受粉樹を選びましょう。加えて人工授粉することで実つきが格段によくなります。

最適な受粉樹

育てる品種	最適な受粉樹
大石早生	サンタローザ、ビューティ、ソルダムなど
貴陽、太陽	ビューティ、ハリウッドなど
スタンレイ	サンプルーン、シュガーなど

おもな品種

分類	品種名	受粉樹	収穫期 6月	7月	8月	9月	特徴
プラム（ニホンスモモ）	大石早生	必要	■				定番の早生品種で甘味と酸味のバランスがよい。受粉樹にはソルダムなどが向く。
	貴陽	必要		■			200g程度の極大果がつく人気種。受粉樹にはハリウッドなどが向く。
	太陽	必要		■	■		大果で食味がよい。晩生品種で袋がけが効果的。受粉樹にはハリウッドなどが向く。
プルーン（ドメスチカスモモ）	スタンレイ	不要			■	■	大果で外観が美しくて食味がよい定番の品種。受粉樹は不要だがあると心強い。

栽培カレンダー

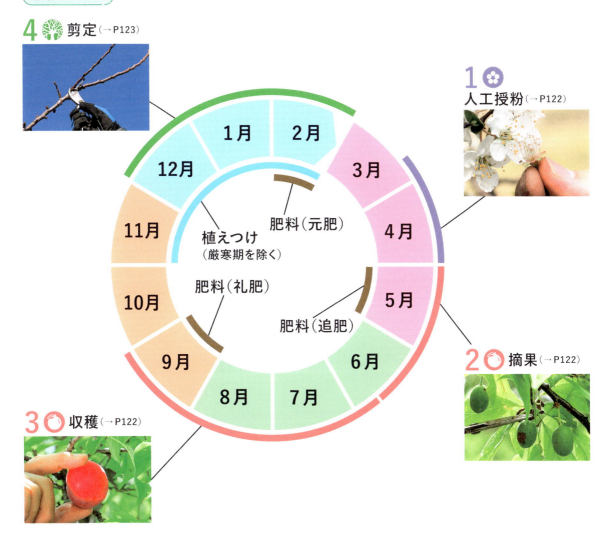

4 剪定（→P123）

1 人工授粉（→P122）

2 摘果（→P122）

3 収穫（→P122）

カレンダー内：
- 1月〜12月
- 肥料（元肥）
- 肥料（追肥）
- 肥料（礼肥）
- 植えつけ（厳寒期を除く）

鉢植えの管理作業

受粉樹が必要な品種は、異なる鉢に2品種植えて近くで育てることが重要。異なる品種間で人工授粉をするとさらによい。

樹高　1.5m程度

水やり
鉢土の表面が乾いたらたっぷり

肥料〔8号鉢（直径24cm）〕
元肥（2月）→油かす 20g
追肥（5月）→化成肥料 8g
礼肥（9月）→化成肥料 8g

仕立て方
変則主幹形仕立て（写真）
開心自然形仕立て

棒苗から結実まで　3〜5年程度

置き場
春〜秋：日当たりがよくて、雨の当たらない軒下など
冬：屋外（−18〜7℃程度）。日当たりや雨は問わない

用土
市販の「果樹・花木用の土」。なければ「野菜用の土」：鹿沼土小粒＝7：3。鉢底には鉢底石を3cm程度敷き詰める

Part 2 | 果樹の育て方　スモモ　121

作業 ✋

1 人工授粉

`3月下旬～4月`

重要度：★★☆

目的

基本的に不要ですが、毎年実つきが悪い場合は人工授粉を検討します。開花期が近い異なる品種間で受粉させたほうがよいでしょう。

開花中の花のうち、花粉を出す葯（やく）が開いた直後で花粉が豊富な花を選んで摘み取り、摘んだ花とは別の木(品種)の花にこすりつける。終わったら、品種を交代して再度受粉する。受粉させる花が多い場合は、オリーブ（66ページ）のようにコップなどに花粉を受けてから受粉してもよい。

---

2 摘果

`5月～6月中旬`

重要度：★★☆

目的

摘果することで甘くて大きな果実を収穫できます。

果実がビー玉サイズになったら適期。葉16枚程度（葉果比16）で1果に間引く。枝（昨年以前に伸びた茶色の枝）の間隔でいうと8cmに1果が目安。

32cmの枝なので8cm程度の間隔になるように、形のよい4果を残して残りを間引く。

---

3 収穫

`6月下旬～9月`

重要度：★★★

方法

全体が色づいた果実だけ選び収穫します。適期より早いと酸味が強くて果皮のえぐみが強く、遅いと果肉がやわらかくなりすぎます。

完熟したものを選び、手で軽く支えて下に引っ張る。

④ 剪定 12月～2月 重要度：★★★

❶ **木の広がりを抑える**
木の高さや横への広がりを抑えたり、さらにコンパクトにしたい場合は、何本かの枝をまとめて切り取る。

❷ **不要な枝を間引く**
交差枝や徒長枝、胴吹き枝、混み合った枝などの不要な枝をつけ根で間引く。

❸ **残った枝の先端を切り詰める**
残った枝の先端を1/4程度切り詰める。

理解してから切ろう！
果実がなる位置と枝の切り詰め方

・花芽の種類：純正花芽（ひとつの花芽から複数の花が咲く）
・花芽と葉芽の区別：外見でつきにくい
・花芽がつく位置：枝の全域
・果実がなりやすい位置：短果枝や花束状短果枝

純正花芽（花芽と葉芽は区別しにくい）
花束状短果枝

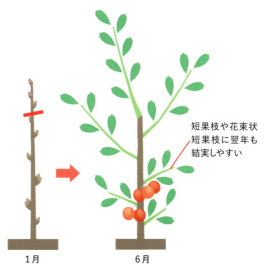

短果枝や花束状短果枝に翌年も結実しやすい

1月 → 6月

おもに短果枝に結実しますが、品種によっては、サクランボと同じく花束状短果枝（111ページ）となり、そこでは鈴なりに結実します。
葉芽は花芽よりも少し小さく、尖っていますが両者を見分けるのは簡単ではありません。

| Part 2 | 果樹の育て方　スモモ　123

❶ 木の広がりを抑える

木が上や横へ広がるのを抑えたり、コンパクトにしたい場合は何本かの枝をまとめて切り取ります。スペースがある場合は、先端の枝を1本に間引いて切り詰めて木を拡大させます。

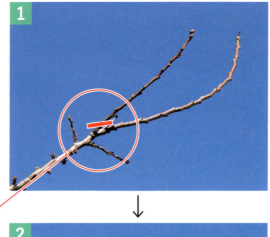

木の広がりを抑えてコンパクトにしたい場合は、木の高さ（芯）を止める。枝先にまだスペースがある場合は、木を拡大させる。

↓

先端の枝を1本に間引いて主枝や亜主枝を拡大させる。残った枝は❸で切り詰める。

---

❷ 不要な枝を間引く

交差枝や徒長枝、混み合った枝などの不要な枝をつけ根で間引きます。全体の枝の量のうち、2〜5割の枝を切り取るのが目安です。

不要な枝を間引く。写真は短果枝に混じって徒長枝が発生しているせいか、先端付近の枝の発生が少なく弱っている。

↓

樹形が乱れるので徒長枝をつけ根で切り取る。つけ根にある短果枝は残す。

❸ 残った枝の先端を切り詰める

残った枝のうち、長い枝だけ選んで先端を切り詰め、若い枝の発生を促します。

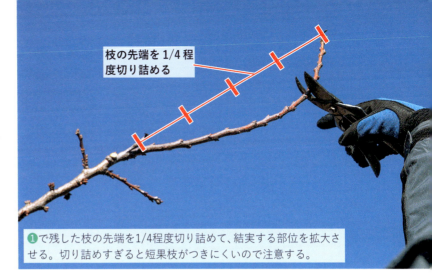

枝の先端を1/4程度切り詰める

❶で残した枝の先端を1/4程度切り詰めて、結実する部位を拡大させる。切り詰めすぎると短果枝がつきにくいので注意する。

剪定の前と後

前

後

枝の発生が少なく、やや弱っている木なので3割くらいの枝を切り取った。

病害虫と生理障害

病 灰星病
発生：5〜9月
特徴：収穫直前の果実に褐色の斑点が発生し、やがて果実全体を灰色の胞子のかたまりがおおって腐る。最後には果実がミイラ化する。
防除：被害果は見つけ次第、取り除く。ミイラ化した果実を残すと翌年にも影響が出るので注意が必要。薬剤の散布も効果的。

虫 シンクイムシ類
発生：5〜9月
特徴：モモノゴマダラメイガなどのガの幼虫が、果実や新梢の先端を食害する。周囲には糞が残ることが多い。
防除：とくに果実や新梢の先端をよく観察し、見つけ次第、捕殺する。果実の被害が激しい場合は袋がけを検討する。

虫 ハマキムシ類
発生：4〜10月
特徴：ガの幼虫が果実や枝葉などを食害する。周囲に黒くて丸い糞や白い糸が残っているので見分けることができる。
防除：とくに若い葉や果実をよく観察し、見つけ次第、捕殺する。

ナシ
（ニホンナシ・セイヨウナシ）

| バラ科ナシ属 | 難易度 むずかしい |

　ナシは、'幸水'などのニホンナシと'ラ・フランス'などのセイヨウナシ、そして'ヤーリー'などのチュウゴクナシの総称名です。
　真上に伸びる枝には結実しにくく、結実しても風で落果しやすいので、とくにニホンナシでは2～4畳程度の棚に仕立てるのがおすすめです。人工授粉や摘果、剪定といった作業を適切に行うことによって、品質のよい果実を毎年収穫することができます。

栽培のポイント
- 相性のよい受粉樹を近くに植える
- 大きくて甘い果実にするには摘果する
- 短果枝がつくように枝を横向きに誘引する

基本データ

形態：落葉高木　　受粉樹：必要
仕立て：棚仕立て、立ち木仕立て（変則主幹形仕立てなど）
耐寒気温：どちらも-20℃
とげ：無　　　　土壌pH：6.0～6.5
施肥量の目安：
元肥(2月) 油かす 200g
追肥(5月) 化成肥料 45g
礼肥(9月) 化成肥料 30g

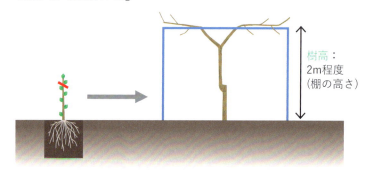

棒苗から結実まで：3～5年程度

COLUMN
遺伝的な相性に注意
　受粉樹が必要ですが、品種の組み合わせが重要です。例えば'幸水'と'王秋'では遺伝的な相性が悪くて受粉樹として機能しないので、実つきが悪いままです。受粉樹には相性のよい組み合わせを選びましょう。開花期の相性も重要です。

品種間の遺伝的な相性

雌しべ＼雄しべ	幸水	豊水	あきづき	秀麗	王秋
幸水	×	○	○	○	×
豊水	○	×	○	○	○
あきづき	○	○	×	○	○
秀麗	○	○	×	×	○
王秋	×	○	○	○	×

※参考：「果樹園芸大百科 第4巻 ナシ」(農文協)

おもな品種

分類	品種名	果皮色	収穫期 8月	収穫期 9月	収穫期 10月	特徴
ニホンナシ	幸水（こうすい）	赤ナシ（中間色）	■			果実重300g。早生で甘味の強い定番品種。剪定では枝を早めに若返らせるのがポイント。
ニホンナシ	秋麗（しゅうれい）	青ナシ	■			果実重350g。ジューシーで酸味が少なく、爽やかな甘味をもつ青ナシ。
ニホンナシ	王秋（おうしゅう）	赤ナシ			■	晩生品種の有望品種で、縦長の果実が特徴的。果実重650gの大果で貯蔵性が高い。
セイヨウナシ	ル・レクチェ	黄色			■	果実重350g。甘味が強くジューシー。ラ・フランスが受粉樹に向く。

栽培カレンダー

- 6 剪定（→P131）
- 1 人工授粉（→P128）
- 2 摘果（→P129）
- 3 摘心（→P129）
- 4 袋がけ（→P130）
- 5 収穫（→P130）

カレンダー内：
- 1月／2月／3月／4月／5月／6月／7月／8月／9月／10月／11月／12月
- 植えつけ（厳寒期を除く）
- 肥料（元肥）
- 肥料（追肥）
- 肥料（礼肥）

鉢植えの管理作業

棚の代わりに鉢の縁に巻いた
ひもを利用し、枝を倒して
実つきをよくするのがポイント。

樹高 1.5m程度

水やり
鉢土の表面が乾いたらたっぷり。
結実期に水切れすると果実が肥大し
にくい

肥料〔8号鉢（直径24cm）〕
元肥（2月）→油かす 35g
追肥（5月）→化成肥料 10g
礼肥（9月）→化成肥料 8g

仕立て方
変則主幹形仕立て（写真）、
開心自然形仕立てなど

棒苗から結実まで 3〜4年程度

置き場
春〜秋：日当たりがよくて、
　　　　雨の当たらない軒下など
冬：屋外（－20〜7℃程度）。
　　日当たりや雨は問わない

用土
市販の「果樹・花木用の土」。なければ
「野菜用の土」：鹿沼土小粒＝7：3。
鉢底には鉢底石を3cm程度敷き詰める

Part 2 ｜ 果樹の育て方　ナシ

作業

1 人工授粉

4月上旬～中旬

重要度：★★★

目的

多くの品種において受粉樹が必要で、実つきが悪い傾向にあるので、人工授粉は必ず行いましょう。遺伝的な相性（126ページ）に注意します。

花粉が出たばかりの花（左下）を摘み、異なる品種の花の雌しべにこすりつける。1花で20花程度受粉できる。

○ 開いた葯

花粉を出す葯（やく／雄しべの先の濃いピンク色の器官）が開いて花粉が出たばかりなので、受粉される側、受粉させる側ともに適している。

× 開いていない葯

まだ葯が開いていなくて花粉が出ていないので、受粉される側には向いているが、受粉させる側には適していない。

Check

花粉を取り出して人工授粉させる

木が大きくて受粉させる花が多い場合は、開花したばかりの花から葯を集めて花粉を取り出し、絵筆などで受粉させるとよいでしょう。

1

開花したばかりの花を摘んで、ピンセットなどを使って濃いピンク色の葯を紙の上に取り出す。

→

2

葯が重ならないように紙の上に広げて、室温で12時間程度放置する。葯が開くとなかから花粉が出て、濃いピンク色から黄色になる。

3

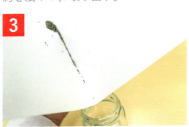

乾いたビンなどに回収する。葯の殻や紙に残った花粉も残らず回収する。

→

4

絵筆や梵天（写真）などで異なる品種の花に受粉させる。花粉は冷蔵庫で2～3日、冷凍庫では約1年保存できる。

2 摘果

5月～6月

重要度：★★★

目的

隔年結果しにくいものの、摘果することで甘くて大きな果実を収穫できます。摘果は予備摘果（5月上旬）と仕上げ摘果（6月）に分けて行います。

なるべく間引く：傷あり（傷果）／小さい（小果）／扁平（扁平果）／萼が目立つ（有てい果）
残す：正常（正常果）

正常果を優先的に残し、傷果や小果などを間引く。

1 予備摘果前 果そう

葉や果実の集まりを「果そう」という。1果そう1果になるように予備摘果で果実を間引く。できるだけ5月の早い時期に終わらせる。

2 予備摘果後

予備摘果後。傷果、小果などを優先的に間引く。

3 仕上げ摘果前 ○をつけた果実を残す

予備摘果したので果そうごとに1果ずつ残っている状態。仕上げ摘果で3果そうに1果（葉果比25）程度になるようにさらに間引く。

4 仕上げ摘果後

仕上げ摘果後。6月末までには終わらせる。

---

3 摘心

5月上旬～中旬

重要度：★☆☆

目的

日当たりや風通しをよくするのが目的です。また、翌年以降に結実する場所となる枝の生育を止め、翌年の芽に回る養分を多く配分して花芽にし、翌年の収穫量を確保する効果もあります。

葉5枚で摘心する。新梢が発生したばかりの早い時期に行わないと効果が低い。枝の先端付近から発生する新梢には、摘心しない（写真右）。

摘心しない／摘心する

4 袋がけ

6月～7月

重要度:★★☆

目的

病害虫が多発する場合は、摘果直後の果実に市販の果実袋をかけます。とくに9月以降に収穫する品種で、シンクイムシ類が多発する場合は必須の作業です。

果実袋に手を入れて開き、仕上げ摘果後の果実にかぶせる。

付属の針金を果梗（かこう／果実の軸）に巻いて、雨水や害虫が入らないようにしっかりと固定する。

5 収穫

8月～10月

重要度:★★★

方法

全体が色づいた果実を選んで収穫します。ニホンナシの場合、赤ナシは果皮の全面が赤みを帯びた色になれば収穫適期です。青ナシは果皮の緑色が半分以上抜けて、黄緑から黄色になったら収穫適期です。セイヨウナシの場合は色で判断しにくいので、霜が降りる前に収穫し、10～30日ほど室温で放置して追熟させます。

ニホンナシの果皮色

赤ナシ	幸水、豊水、あきづき、王秋、新高、あきあかり、甘太
青ナシ	二十世紀、かおり、なつしずく、秀麗

果実を軽くにぎって上に持ち上げると収穫できる。果梗を残すとほかの果実を傷つけることがあるので、切り取る（二度切り）。

6 剪定 12月〜2月 重要度：★★★

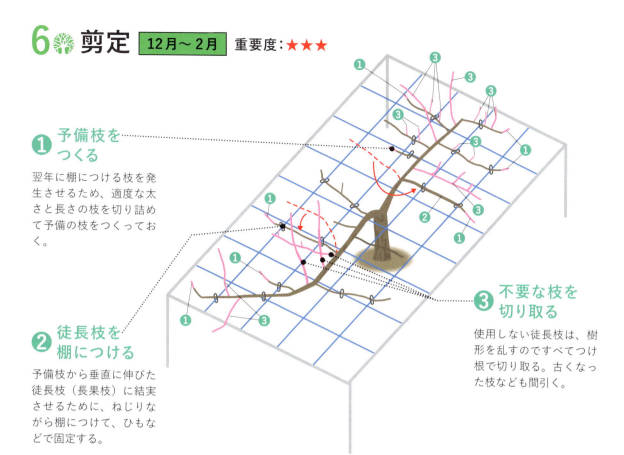

❶ 予備枝をつくる
翌年に棚につける枝を発生させるため、適度な太さと長さの枝を切り詰めて予備の枝をつくっておく。

❷ 徒長枝を棚につける
予備枝から垂直に伸びた徒長枝（長果枝）に結実させるために、ねじりながら棚につけて、ひもなどで固定する。

❸ 不要な枝を切り取る
使用しない徒長枝は、樹形を乱すのですべてつけ根で切り取る。古くなった枝なども間引く。

理解してから切ろう！
果実がなる位置と枝の切り詰め方

- 花芽の種類：混合花芽（ひとつの花芽から枝が伸び、複数の花が咲く）
- 花芽と葉芽の区別：外見でつきやすい
- 花芽がつく位置：枝の全域
- 果実がなりやすい位置：横向きに誘引した枝

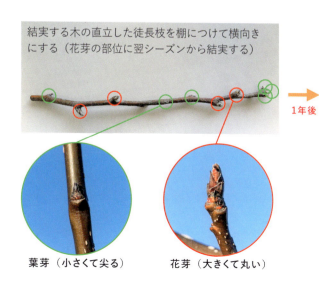

結実する木の直立した徒長枝を棚につけて横向きにする（花芽の部位に翌シーズンから結実する）

葉芽（小さくて尖る）　　花芽（大きくて丸い）

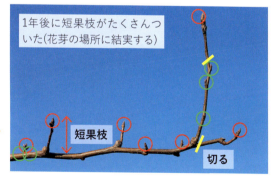

1年後に短果枝がたくさんついた（花芽の場所に結実する）

棚に枝を誘引すると、春〜秋に徒長枝がたくさん発生しますが、ナシにおいては、この徒長枝を横向きに誘引して棚に固定すれば、長果枝として利用でき、翌夏に花芽の部位に結実します。
花芽や葉芽からは枝が少しだけ伸びて、1年後には短果枝となり、翌年以降も同じ場所で収穫できます。

❶ 予備枝をつくる

垂直に伸びた徒長枝を無理に棚に固定しようとすると枝が折れる恐れがあります。適度な太さと長さの枝を20〜25cm程度で切り詰めておくと、L字形の枝になり、翌年の剪定時に棚に倒しやすくなります。このように前年に準備しておく短い枝を予備枝といいます。

サインペンくらいの太さの枝を選んで20〜25cm程度の長さに切り詰める。周囲の枝などにひもをかけて45度くらいの角度に誘引すると、1年後には、先端から徒長枝が伸びて棚に倒しやすいL字形の枝になる。

❷ 徒長枝を棚につける

枝は棚につけないと結実させられないので、❶で残した予備枝が1年経過してL字形になったら、枝をねじりながら棚につけて、ひもなどで固定します。

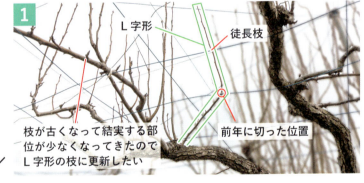

❶の予備枝から徒長枝が伸びてL字形になった枝。

周囲の枝との位置関係を確認しながら、ねじりながら棚に固定する。

L字形の枝の先端は軽く切り詰める。花芽がついていれば翌夏に収穫できる。この方法で倒した枝は3〜5年程度利用できるが、年を経るごとに花芽がつかなくなってくる。そうなる前に周囲にL字形の予備枝を再びつくって、更新していくとよい。

❸ 不要な枝を切り取る

使用しない枝は、すべてつけ根で切り取ります。例えば、昨年以前に棚に固定した枝から徒長枝が発生している場合は、つけ根で切り取ります。ほかにも主枝などから発生する徒長枝のうち、利用しないものはすべてつけ根で切り取ります。

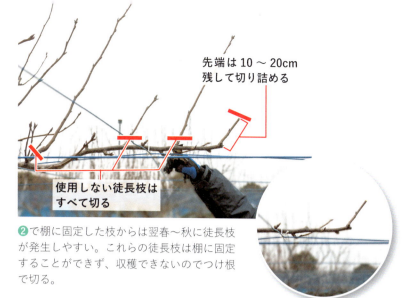

先端は10〜20cm残して切り詰める

使用しない徒長枝はすべて切る

❷で棚に固定した枝からは翌春〜秋に徒長枝が発生しやすい。これらの徒長枝は棚に固定することができず、収穫できないのでつけ根で切る。

剪定の前と後

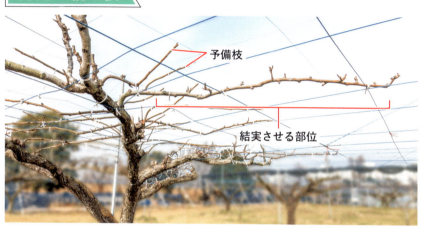

予備枝

結実させる部位

不要な徒長枝はすべて切り取り、棚に固定していない枝はほぼなくなった。枝を切るだけでなく、ひもなどを用いて枝を棚に固定することも忘れないように。枝の間隔は広く取り、整然と配置するのがポイント。

病害虫と生理障害

病 黒星病
発生：4〜11月
特徴：枝葉や果実に黒色で円形の斑点が発生する。'幸水'では発生しやすく、'ほしあかり'では発生しにくい。
防除：発生初期に被害部を取り除いて処分する。病原菌が越冬する枯れ枝を冬の剪定時に取り除く。殺菌剤の散布も効果的。

病 赤星病
発生：4〜9月
特徴：葉の裏に毛のようなもの（毛状体）が発生する。毛状体は徐々になくなるが、周囲が黒く変色してひどいと落葉する。
防除：発生初期に被害部を取り除いて処分する。病原菌の越冬場所となるビャクシン類を周囲に植えない。殺菌剤の散布も効果的。

虫 シンクイムシ類
発生：4〜10月
特徴：枝や果実のなかにガの幼虫が侵入して食い荒らす。お尻の部分に腐りや糞がある場合は幼虫がなかにいる可能性が高い。
防除：見つけ次第、捕殺する。また、被害果も取り除く。晩生品種は摘果後の果実に果実袋をかぶせて防ぐ。

パッションフルーツ

| トケイソウ科トケイソウ属 |　難易度 ふつう

　和名がクダモノトケイソウで、観賞用のトケイソウと同じく花の雌しべが時計の針に見える植物です。
　熱帯果樹のなかでは耐寒性がありますが、基本的には鉢植えにして防寒対策が必要です。つる性なのでフェンスなどに仕立て、誘引・つる取り、摘心で枝の管理をします。品種によっては人工授粉を行い、剪定後は枝を誘引します。果実を大きくする摘果、果実を守るネットがけは必須の作業ではありません。

栽培のポイント
- 品種によって受粉樹の有無が異なる
- フェンスなどの支柱に仕立てる
- 品種によっては人工授粉して結実させる

基本データ

形態：熱帯つる性　　受粉樹：必要(品種による)
仕立て：フェンス仕立て、オベリスク仕立てなど
耐寒気温：-2℃(品種による)
とげ：無　　　土壌pH：5.0～6.0(詳細は不明)
施肥量の目安(樹冠直径1m未満)：
元肥(3月) 油かす 130g
追肥(5月) 化成肥料 30g
礼肥(9月) 化成肥料 30g

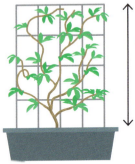

樹高：2.0m程度(支柱の高さ)

棒苗から結実まで：1～2年程度

COLUMN

果皮の色と受粉樹の有無

　品種によっては受粉樹が必要です。確実なのは品種名が明らかな苗を入手し、受粉樹の有無を調べることですが、品種の情報が乏しいのが現状です。果皮が紫色の品種は受粉樹が不要、黄色種は受粉樹が必要なものが多いので、目安にしましょう。

果実は紫色と黄色の品種に大別できる

おもな品種

品種名	収穫期 7月	8月	9月	10月	果皮色	特徴
サマークイーン					紫色	甘味が強く人気の品種。苗1本でも実つきがよい。
ルビースター					紫色	甘味と酸味のバランスがよい。苗1本でも実つきがよい。
紫100g玉					紫色	うまく育てれば100g程度の果実が収穫できる。苗1本でも実つきがよい。
イエロージャンボ					黄色	大果で食味がよい品種。苗1本では実つきが悪いので受粉樹が必要。

| Part 2 | 果樹の育て方 パッションフルーツ

作業

1. 誘引

4月～9月

重要度：★★★

目的

枝同士が重なると、日当たりや風通しが悪くなるので、枝をほどいて重ならないようにバランスよく配置します。

枝が重ならないように配置

ひもなどで固定

できるだけ枝が重ならないように枝を配置し、フェンスなどにひもで固定する。

---

2. つる取り

4月～9月

重要度：★☆☆

目的

葉のつけ根から巻きづるが発生して支柱や周囲の枝に絡まります。誘引や剪定の際に作業しにくいので、巻きづるはすべて取り除きます。

巻きづる

ハサミでつけ根から切り取る。11月の剪定まで放置すると、巻きづるが硬くなって除去しづらくなるので早めに取り除くとよい。

---

3. 摘心

4月～9月

重要度：★★☆

目的

植えつけ時に摘心して、枝の発生を促します。植えつけ後に新たに発生した枝についても、フェンスなどより長くなったら摘心します。

葉の少し上で切る

植えつけ時に20～30cmで摘心する。

支柱からはみ出したら葉の少し上の部位で枝を摘心する。早めに摘心して切り取る枝の長さが短くなるのが理想的。

4 人工授粉

5月～9月

重要度：★★☆

目的

基本的には昆虫などが受粉してくれるので、人工授粉は不要ですが、毎年のように実つきが悪い場合は行います。品種によっては受粉樹を植え、人工授粉をして確実に結実させます。

受粉樹が不要な品種については、乾いた絵筆などを用いて同じ花のなかの花粉を雌しべにつける。受粉樹が必要な品種は、同様の方法で異なる品種間で受粉させる。

---

5 摘果

5月～9月

重要度：★☆☆

目的

必須の作業ではありませんが、摘果することで甘く大きな果実を収穫できます。

1枝に5果以上結実する場合は、1枝当たり4果に摘果、または摘花する。遅い時期に開花した果実は温度不足で成熟しないので、開花が早い果実を優先的に残す。

---

6 ネットがけ

7月～10月中旬

重要度：★☆☆

目的

果実が大きくなったら、水切りネットなどを枝ごと果実にかぶせて果実を守ります。ただし、落果してもすぐに拾えばなかの果肉には問題がないので、ネットがけは必須の作業ではありません。

果実は軸（果梗／かこう）ごと取れるので、果実から3cm程度上にある葉の位置（葉が落ちている場合もある）で葉も含めてネットをかぶせる。

鉢植えをコンクリートや土の上に置いていると、照り返しや湿度の影響で落ちた果実が腐りやすい。写真のようにネットをかけると、果実がネットのなかに落ちて、多少収穫が遅れても無傷のまま収穫できる。

7 収穫

7月～10月中旬

重要度：★★★

方法

収穫直後は酸味がとくに強いので、酸味が苦手な場合は10日ほど室温で放置（追熟）して、果実にしわが寄ってから食べるとよいでしょう。なお、最高気温が20℃程度確保できないと果実は色づかないので、11月以降の果実は緑色のままで収穫できない場合があります。

収穫直後の果実は酸味が強い。収穫10日後の果実で酸味がやや抜ける。

ネットをかけた場合は、ネットに落ちた果実を無傷で収穫できる。ネットをかけていない場合は、下に落ちた果実や全体が色づいた果実を収穫する。

---

8 防寒対策

11月～2月

重要度：★★★

方法

寒さに弱いので、-2℃以下になる地域では鉢植えで育て、日当たりのよい室内などに取り込んで冬越しします。

居住地の最低気温が耐寒気温と同程度(-2℃)の場合は、地下部は鉢を二回り大きな鉢に入れて土を満たし(二重鉢)、地下部は寒冷紗や不織布などを何重にも巻く(寒冷紗被覆)と2～3℃程度の保温効果がある。

9 剪定

11月

重要度：★★★

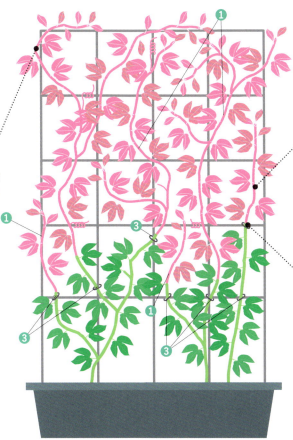

❶ 枝分かれした枝を切る
枝分かれしている枝は、葉3〜5枚残して切り詰める。

❷ 枝分かれしていない枝を切る
枝分かれしていない枝は、株元からの高さが50〜70cm程度になるように切り詰める。

❸ 支柱に誘引する
残した枝は、ひもなどを使って支柱に固定する。

理解してから切ろう！

果実がなる位置と枝の切り詰め方

- 花芽の種類：純正花芽（ひとつの花芽から枝が伸び、1花が咲く）
- 花芽と葉芽の区別：外見でつきにくい（剪定時はすべて葉芽）
- 花芽がつく位置：枝の全域（春以降に枝が伸びながら花芽がつく）
- 果実がなりやすい位置：ほとんどすべての枝

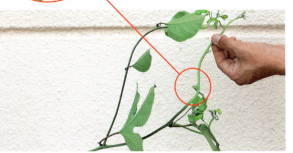

剪定の適期は生育停滞期の11〜3月ですが、鉢植え栽培が基本となるので、防寒のために室内などに取り込む場合も含め、直前の11月に剪定しましょう。春になって新しい枝が伸びながら花芽ができるので、すべての枝を葉3〜5枚（3〜5節）残して切り詰めても収穫できます。積極的に切り詰めて株を若返らせるとよいでしょう。

Part 2 ｜ 果樹の育て方　パッションフルーツ

❶ 枝分かれした枝を切る

支柱に固定しているひもを切って、枝を下ろします。次に枝分かれしている枝は、葉3〜5枚(3〜5節)残して切り詰めて新しい枝の発生を促します。

1

支柱に固定しているひもをすべて切り取る。

2

支柱に絡まっている枝をほどきながら、枝を下ろす。

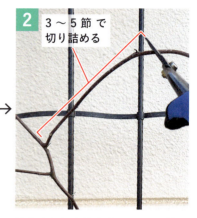

2　3〜5節で切り詰める

枝分かれした枝をすべて3〜5節で切り詰める。写真は、枝が見えやすいように葉を取り除いている。

---

❷ 枝分かれしていない枝を切る

枝分かれしていない枝については、株元からの高さが50〜70cm程度になるように切り詰めます。

50〜70cm

写真のように植えつけから枝分かれしない枝もある。この枝は株元からの高さが50〜70cm程度になるように切り詰める。

❸ 支柱に誘引する

残した枝は、ひもなどを使って支柱に固定します。
室内で冬越しする場合はフェンスなどを取りはずし、鉢と枝だけの状態にするとよいでしょう。春になって鉢植えを屋外に出してから再び支柱を設置し、誘引します。

ひもを使ってフェンスに固定する。枝が重ならないようにバランスよく配置させる。

剪定の前と後

前 → 後 → 翌8月

剪定してから枝を誘引する。落葉して株が弱っている場合は、少し枝を多めに残すとよい。

病害虫と生理障害

🦠 すす病
発生：5〜10月
特徴：果実や枝葉の表面が黒く汚れる。アブラムシ類やカイガラムシ類の排泄物などにカビが生えることで発生する。
防除：被害部位は取り除き、発生源であるアブラムシ類などの害虫を駆除する。見つけ次第、捕殺し、剪定などで日当たりや風通しをよくする。

🐛 アブラムシ類
発生：5〜9月
特徴：いろんな種類のアブラムシ類が若い枝葉を吸汁する。新梢の先端付近にとくに発生しやすい。
防除：とくに若い葉の裏側をよく観察し、見つけ次第、捕殺する。

寒害

⚠ 寒害（冷害）
発生：12〜4月
特徴：寒さに遭った直後は葉がしおれ、徐々に葉が白色や黄土色に退色する。最後には葉の全体がパリパリになる。
防除：寒冷地では鉢植えにして、冬だけ室内などに取り込むか防寒対策を施す。

Part 2 | 果樹の育て方 **パッションフルーツ**

ビワ

|バラ科ビワ属|　難易度 ふつう

　温暖地では庭木の定番でもあるビワは、年間を通じて果実が生産されていないため、今や貴重な旬を感じさせる果物です。産地が長崎や千葉、鹿児島などに集中しているのは、越冬する果実が寒さに弱いためです。
　大木になりやすいので、庭植えする場合は若木の頃から剪定や誘引、芽かきをしてコンパクトな木になるように心がけましょう。甘くて大きな果実を収穫するためには摘蕾や摘果、袋がけを行います。

栽培のポイント

- 越冬中の寒さに注意
- 摘果をすると甘くて大きな果実に
- 大木になりやすいので剪定が重要

基本データ

形態：常緑高木　　受粉樹：不要
仕立て：開心自然形仕立て（ほかに変則主幹形仕立てなど）
耐寒気温：－3℃（果実）、－13℃（枝葉）
とげ：無　　　　　土壌pH：5.5～6.0
施肥量の目安（樹冠直径1m未満）：
元肥(9月) 油かす 150g
追肥(3月) 化成肥料 45g
礼肥(6月) 化成肥料 30g

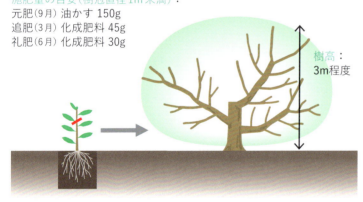

棒苗から結実まで：4～8年程度

COLUMN

冬の寒さに注意

　開花時期が10～1月で幼い果実の状態で越冬します。木自体の耐寒性は強く、－13℃程度まで耐えますが、果実は－3℃程度で傷み、落果するか小さな果実しかならなくなります。温暖地で育てるか、寒冷地では鉢植えにして室内などに取り込みましょう。

2月の果実の様子。寒さに耐えながら春を待つ

おもな品種

品種名	樹姿	収穫期 5月	収穫期 6月	特徴
麗月(れいげつ)	直立性	■	■	果実重50g。果皮の黄色が薄くて美しい。受粉樹がないと実つきが悪いので注意。
茂木(もぎ)	直立性	■	■	国内で最も生産量が多い品種。果実重45gの小果だが、甘味が強く多汁。
大房(おおぶさ)	開張性		■	果実の耐寒性が最も強い品種なので寒冷地向き。果実重80gの極大果だが食味はやや淡白。
田中(たなか)	開張性		■	茂木と並んで代表的な品種。果実重70gの大果でみずみずしいのが特徴。

※直立性 → 枝が直立して伸びる性質　　開張性 → 枝が広がって伸びる性質

栽培カレンダー

1 摘蕾・摘花（→P144）
2 摘果（→P144）
3 袋がけ（→P144）
4 芽かき（→P145）
5 収穫（→P145）
6 剪定（→P146）
4 芽かき
4 芽かき

鉢植えの管理作業

庭植えだと大木になりやすいが、鉢植えだと樹高をコンパクトに維持できる。

樹高 1.5m程度

水やり
鉢土の表面が乾いたらたっぷり

肥料〔8号鉢（直径24cm）〕
元肥（9月）→油かす 30g
追肥（3月）→化成肥料 10g
礼肥（6月）→化成肥料 8g

仕立て方
開心自然形仕立て（写真）、
変則主幹形仕立て

棒苗から結実まで 3〜5年程度

置き場
春〜秋：日当たりがよくて、
　　　　雨の当たらない軒下など
冬：日当たりがよく、寒すぎない場所（-3℃
　　以上）。寒冷地では室内に取り込む

用土
市販の「果樹・花木用の土」。なければ
「野菜用の土」：鹿沼土小粒＝7：3。
鉢底には鉢底石を3cm程度敷き詰める

Part 2 ｜ 果樹の育て方 ビワ 143

作業 ✋

1 摘蕾・摘花

10月〜2月

重要度：★★★

目的

ひとつの花の集まり（花房）に最多で100個程度のつぼみがつきます。すべて開花・結実させると養分をロスするので、なるべく早い段階で間引きます。

2〜3本の軸を残す

3〜7本程度に分岐した花房のうち、基本的には一番下の2〜3本の軸を残し、それより上の軸を手で摘み取る。袋がけの際に果房ごと大きな果実袋をかぶせる場合は、上部の2〜3本の軸を残してもよい。

---

2 摘果

3月中旬〜4月中旬

重要度：★★★

目的

甘く大きな果実にするために摘果します。摘蕾・摘花をしている場合でも必須の作業です。

1　果房／○をつけた果実を残す

2

摘蕾・摘花したので下の軸2本に2〜3果ずつついている。'田中'のような大果の品種なので、形のよい果実を選び、1果房に1〜2果を残してほかを摘み取る。

摘果後。'茂木'のように小果の品種は1果房に3〜4果になるよう摘み取る。この後、1果当たり葉が25枚程度（葉果比25）になるようにさらに間引くとよい。

---

3 袋がけ

3月中旬〜4月中旬

重要度：★★☆

目的

病害虫などから守るために、市販の果実袋をかけます。

1果ずつ果実袋をかぶせ、付属の針金で果梗(かこう／果実の軸)に固定する。

Check

リンゴ用などの小袋を1果ずつかけるのが基本だが、ブドウ用などの大袋を用いて3〜4果を果房ごとかけてもよい。

4 芽かき

4月・7月・10月

重要度：★★☆

目的

枝は春(4月頃)、夏(7月頃)、秋(10月頃)の年間3回発生します。
発生したばかりの枝は、手で簡単にかき取る(芽かき)ことができます。
芽かきで枝を制御することが、日当たりや風通しを改善し、樹高を低く維持することにつながります。

ビワは写真のように1か所で何本も枝分かれしやすい。勢いのよい枝を残し、細い枝などを間引く。

1か所で枝3本程度になるように手で間引く。

1か所3本程度に間引く

---

5 収穫

5月中旬～6月

重要度：★★★

方法

果実袋をはずし、全体が色づいた果実だけを選んで収穫します。手で軽く支え、上に持ち上げると収穫できます。収穫がまだ早い果実には果実袋をかけ直します。

果実袋をはずして色づきを確認してから収穫する。

軸を軽くにぎって上に持ち上げると収穫できる。

6 剪定 9月 重要度：★★★

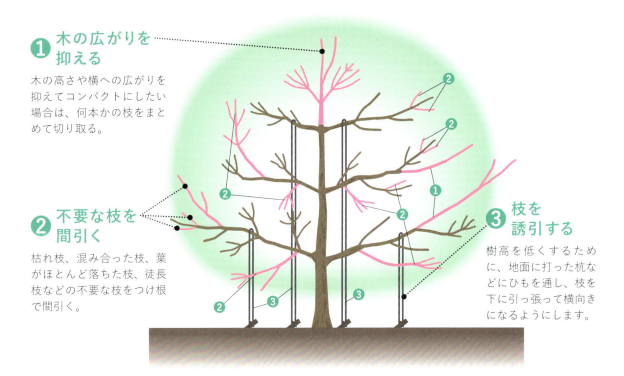

① 木の広がりを抑える
木の高さや横への広がりを抑えてコンパクトにしたい場合は、何本かの枝をまとめて切り取る。

② 不要な枝を間引く
枯れ枝、混み合った枝、葉がほとんど落ちた枝、徒長枝などの不要な枝をつけ根で間引く。

③ 枝を誘引する
樹高を低くするために、地面に打った杭などにひもを通し、枝を下に引っ張って横向きになるようにします。

理解してから切ろう！
果実がなる位置と枝の切り詰め方

- 花芽の種類：純正花芽（ひとつの花芽から1花房が咲く）
- 花芽と葉芽の区別：外見でつきにくい
- 花芽がつく位置：枝の先端のみ
- 果実がなりやすい位置：春枝

春枝（4月頃に発生）、夏枝（7月頃に発生）、秋枝（10月頃に発生）がありますが、おもに充実した春枝の先端部に花芽が形成されて結実します。
9月の剪定時に春枝～秋枝の区別はつきにくいですが、太くて短い枝（中心枝）の先端に花芽がついて開花・結実する傾向があるので、剪定時になるべく残し、切り詰めないようにします。なお、中心枝から出る枝を副梢といいます。

❶ 木の広がりを抑える

高さや横への広がりを抑えたい場合は、何本かの枝をまとめて切り取ります。枝の切り残しがないように切るのがポイントです。切り口には癒合促進剤を塗ります。

1 背丈よりも木が大きくなってきたので、囲んだ部分を切って木の芯を止める。枝が太いのでノコギリで切る。切り残しがあると枯れ込みが入るので注意する。

切り残しがないようにつけ根で切る

↓

2 横方向へも拡大してきたので、囲んだ部分を切って広がりを止める。❶と同じく、分岐部を切り残しがないようにノコギリで切り詰める。

つけ根で切る

| Part 2 | 果樹の育て方　ビワ　147

❷ 不要な枝を間引く

枯れ枝、混み合った枝、葉がほとんど落ちた枝、徒長枝などの不要な枝をつけ根で間引きます。全体の枝の量のうち、1〜3割の枝を切り取るのが目安です。

枯れ枝

枯れ枝からは枯れ込みが入るほか、病原菌が潜んでいる可能性があるので、見つけ次第切り取る。

分岐が多い部位1

何本も枝分かれしていると、それぞれの枝が細く貧弱になるほか、混み合う可能性があるので、間引く必要がある。1か所で3本以内になるように間引くとよい。写真では4本の枝があるので、3本に減らす。

葉がほとんど落ちた枝

葉が落ちた部分

常緑樹なので葉は冬でも残るが、何年も使用するとつけ根付近の枝が落ちてくる。ほとんどの葉が落ちて、葉が先端付近にしか残っていないような枝は約20cm残して切り詰めて、新しい枝の発生を促す。

分岐が多い部位2　前

分岐してそれほど時間が経過していない枝についても間引く。芽かき（145ページ）に準じて行う。

→

後

混み合っていたので枝を2本に間引いた。

148

❸ 枝を誘引する

ビワは枝が真上に伸びやすい性質があります。そのまま放置すると樹高が高くなるので、枝を横向きにするとよいでしょう。とくに幼木時に、将来の骨格となる枝（主枝や亜主枝）を横向きにすることが重要です。

枝が上方向に伸びている枝を横向きに倒す。枝が横向きになるようにひもで引っ張り、杭などで地面に固定する。

剪定の前と後

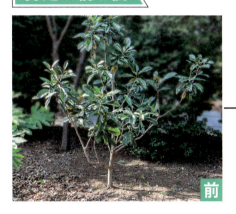

ビワの剪定前後。生育が旺盛な木は3割、弱っている木は1割と切り取る枝の量を調整するとよい。このあと地面に杭を打って、枝を下に引っ張るとさらによい。

病害虫と生理障害

病 がんしゅ病
発生：5～10月
特徴：細菌性の病気で、枝葉や果実などに黒褐色でコルク化した病斑が発生する。一度発生すると毎年発生しやすい。
防除：傷口から感染するので、カミキリムシ類などの害虫駆除を徹底し、剪定した切り口には癒合促進剤を塗る。薬剤散布も検討する。

虫 アブラムシ類
発生：5～9月
特徴：数種のアブラムシが若い枝葉を吸汁する。ナシミドリオオアブラムシは葉の主脈に沿って発生する。
防除：とくに若い枝葉を注意深く観察し、見つけ次第、捕殺するか登録のある殺虫剤を散布する。

障 寒害（はちまき果）
発生：3～6月
特徴：果実にかさぶた状の傷が発生する。越冬時の寒さでついた小さな傷が、果実の肥大によって目立つようになったもの。
防除：庭植えは－3℃（可能なら0℃）を下回らない地域のみにする。寒冷地では鉢植えにして冬は室内などに取り込む。

フェイジョア

|フトモモ科フェイジョア属|　難易度 ふつう

　フェイジョアは南米原産ということもあり、果実の色や形が独特で、香りや味もトロピカルな雰囲気を十分に持ち合わせています。
　実つきをよくするポイントは、受粉樹を近くに植えて人工授粉することです。また、豊作と不作を繰り返しやすいので、摘果は必ず行いましょう。収穫した果実は追熟させてから食べます。冬は防寒対策をし、春に剪定を行います。

栽培のポイント
- 受粉樹を近くに植えて人工授粉する
- 大きくて甘い果実にするには摘果する
- 追熟してから食べる

基本データ

形態：常緑低木　　受粉樹：必要（品種による）
仕立て：変則主幹形仕立て（ほかに開心自然形仕立て、株仕立てなど）
耐寒気温：－10℃
とげ：無　　　　土壌pH：5.0～6.0
施肥量の目安（樹冠直径1m未満）：
元肥(3月) 油かす 150g
追肥(6月) 化成肥料 45g
礼肥(10月) 化成肥料 30g

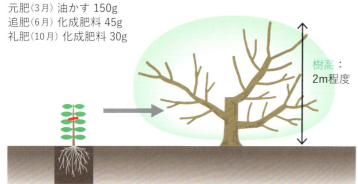

棒苗から結実まで：4～6年程度

COLUMN

自家結実性の強い品種

　自家結実性とは、苗木1本でも実つきがよい性質です。フェイジョアは全般的に自家結実性が弱く受粉樹が必要です。一方、自家結実性が強い品種もあり、苗木1本でも結実することがあります。しかし、これらの品種でも受粉樹があったほうが実つきがよくなります。

自家結実性が強い品種

> ジェミニ、アポロ、クーリッジ、トラスク、パインジェム

おもな品種

品種名	自家結実性	収穫期 10月	収穫期 11月	特徴
ジェミニ	強	■		果実重80gの小果だが、自家結実性が強く、実つきがよい。甘味も強い。
アポロ	強	■		果実重120gの大果で自家結実性が強いという魅力的な品種。苗木も入手しやすい。
トライアンフ	弱		■	表面がなめらかなのが特徴。果実重110gの大果だが、やや実つきが悪い。
クーリッジ	強		■	果実重90g。代表的な晩生品種。花粉が多く、受粉樹にも向いている。

※自家結実性 → 苗木1本でも実つきがよい性質

栽培カレンダー

5 防寒対策（→P154）
6 剪定（→P155）
1 人工授粉（→P152）
2 摘果（→P153）
3 収穫（→P153）
4 追熟（→P154）

内側表示：植えつけ／肥料（元肥）／肥料（追肥）／肥料（礼肥）

鉢植えの管理作業

鉢植えでもたくさん果実がなる。実つきが悪い場合は受粉樹があるかを再確認し、人工授粉をするとよい。

樹高 1.5m程度

水やり
鉢土の表面が乾いたらたっぷり

肥料〔8号鉢（直径24cm）〕
元肥（3月）→油かす 30g
追肥（6月）→化成肥料 10g
礼肥（10月）→化成肥料 8g

仕立て方
変則主幹形仕立て（写真）、開心自然形仕立てなど

棒苗から結実まで 3〜5年程度

置き場
春〜秋：日当たりがよくて、雨の当たらない軒下など
冬：日当たりがよく、寒すぎない場所（−10℃以上）。寒冷地では室内に取り込む

用土
市販の「果樹・花木用の土」。なければ「野菜用の土」：鹿沼土小粒＝7：3。鉢底には鉢底石を3cm程度敷き詰める

Part 2 | 果樹の育て方 フェイジョア 151

作業

1 人工授粉

5月中旬～6月中旬

重要度：★★☆

目的

基本的に人工授粉は不要ですが、毎年のように実つきが悪い場合は、別品種の花粉を受粉させます。

開いた葯　開いていない葯

左：花粉を出す葯(やく／雄しべの先の黄色の器官)が開いて花粉が出たばかりなので、受粉される側、させる側ともに適している。
右：まだ葯が開いておらず花粉が出ていないので、受粉させる側には適していないが、受粉される側には向いている。

雌しべに花粉をこすりつける

花粉が出たばかりの花を摘み、異なる品種の花の雌しべにこすりつける。1花で20花程度受粉できる。終わったら、授ける側と授けられる側の品種を交代して再度受粉する。

Check

人工授粉の際に花弁（花びら）だけちぎって味見しましょう。受粉される側の花びらを取っても生育には問題ありません。

花びらだけ摘み取り、サラダなどに入れて利用するのもおすすめ。

2 摘果

8月〜9月上旬

重要度：★★★

目的

豊作と不作の年を繰り返す性質（隔年結果性）が強く、その影響を最小限にできる摘果は非常に重要です。
果実を大きく甘くする効果もあります。

果実がビー玉以上の大きさになったらハサミで間引く。

1枝に1果を目安に間引く。小さい果実や傷ついた果実を優先的に間引く。

3 収穫

10月〜11月

重要度：★★★

方法

果実の色や硬さでは収穫適期を見分けにくく、育てている品種に合った適期を見極める必要があります。収穫適期に差しかかると果実の一部が落ちはじめます。落果を目安にして、一斉に収穫するとよいでしょう。

適期になると落果しはじめる。落果を目安に木についた果実についてもすべて収穫する。果肉を食べるので、落ちた果実でもおいしく食べることができる。

果実を軽く支え、軸（果梗／かこう）の延長線上に引っ張ると収穫できる。

4 追熟

10月～11月

重要度：★★★

目的

収穫直後の果実の多くは、硬くて酸味が強く食べられません。そのため追熟が必要です。

収穫後に3～10日ほど室内の涼しい場所(冷蔵庫は不可)に放置して、追熟させる。追熟すると甘い香りが倍増する。

Check

追熟後は輪切りにしてスプーンですくって食べるのがおすすめ。香りが強く、ほかの果樹にはない味わい。

追熟が思うように進まない場合や早く食べたい場合はリンゴを使用する。リンゴと一緒にポリ袋に入れることで、より短期間で食べられる状態になる。リンゴから発生するエチレンという物質が、果実をやわらかくし、酸味の減少を促す。

---

5 防寒対策

11月～2月

重要度：★★★

方法

居住地の最低気温が−10℃付近まで下がる場合は、寒さで枯れないように枝葉を寒冷紗などで覆い保温します。植えつけから3年未満の幼木は、とくに寒さに弱いので注意が必要です。防寒は春先に解除します。

防寒対策は霜が降りる前に行う。鉢植えでは、地上部は庭植えと同様で、地下部は二重鉢（138ページ）にする。

白色の寒冷紗や不織布を何度も巻きつけ、上部と下部をひもで結ぶ。株元にワラなどを敷くことも検討する。

6 剪定 2月下旬〜3月 重要度：★★★

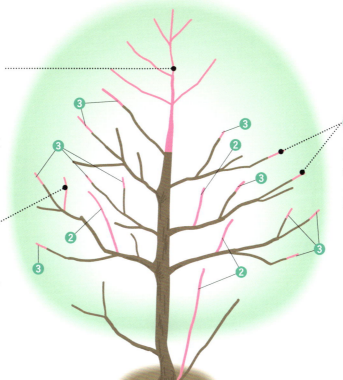

① 木の広がりを抑える
木の高さや横への広がりを抑えてコンパクトにしたい場合は、何本かの枝をまとめて切り取る。

② 不要な枝を間引く
枯れ枝、混み合った枝、徒長枝などの不要な枝をつけ根から間引く。

③ 残った枝を切り詰める
残った枝のうち、30cm以上の長い枝を選んで先端から1/3程度で切り詰める。

理解してから切ろう！
果実がなる位置と枝の切り詰め方

- 花芽の種類：混合花芽（ひとつの花芽から枝が伸び、数個の花が咲く）
- 花芽と葉芽の区別：外見でつきにくい
- 花芽がつく位置：おもに枝の先端付近（例外もあり）
- 果実がなりやすい位置：短果枝や中果枝

花芽は先端付近につきやすく、すべての枝の先端を切り詰めると、花芽がなくなり翌年の収穫量が激減することがあります（充実した短い枝にはつけ根付近にも花芽がつくこともある）。
一方、木を若返らせるためには枝の切り詰めが重要なので、30cm以上の長い枝を選んで、1/3程度切り詰めます。

❶ 木の広がりを抑える

木をコンパクトにしたい場合は、何本かの枝をまとめて切り取ります。
枝の分岐部を切り残しがないように切るのがポイントです。

樹高を低くしたい場合は、分岐部まで切り戻す。切り残しがないようハサミで切る。

---

❷ 不要な枝を間引く

ひこばえ、混み合った枝、徒長枝などの不要な枝をつけ根から間引きます。
全体の枝の量のうち、1〜3割の枝を切り取るのが目安です。

品種によっては、株元の低い位置から枝分かれしやすいので間引く。

変則主幹形仕立てや開心自然形仕立てにする場合は、もっとも充実した枝1本に間引く。株仕立てにする場合は、混み合わない程度に数本残して間引く。写真は株仕立て。

同じ場所から2本の枝が発生して3つ又になりやすい。3本とも残すと混み合う傾向にあるので、1〜2本に間引く。写真では弱々しい右の枝を間引いた。

❸ 残った枝を切り詰める

分岐部から30cm以上伸びた長い枝を選んで先端から1/3程度で切り詰め、若い枝を発生させます。生育によって枝の長短の基準は異なるので、30cmという長さはあくまで目安としましょう。

先端から1/3程度切り詰める

長い枝を選んで先端から1/3程度で切り詰めて、新梢の発生を促す。すべての枝を切り詰めると収穫量が激減する。

剪定の前と後

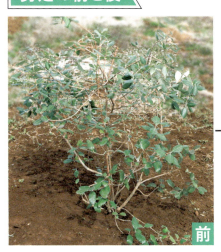
前

→

後

剪定で3割程度の枝を切り取った。生育が旺盛な木は3割、弱っている木は1割と切り取る量を調整するとよい。

病害虫と生理障害

虫 カイガラムシ類
発生：6〜10月
特徴：ツノロウムシなどのカイガラムシ類が枝を吸汁する。周囲の葉を黒く汚す、すす病を併発することもある。
防除：見つけ次第、歯ブラシなどでこすり落とす。剪定などで日当たりや風通しをよくする。

病 斑点病
発生：4〜10月
特徴：葉に赤色〜紫色の斑点が発生する。ひどいと落葉することもある。
防除：発生初期に被害にあった葉を取り除く。剪定などで日当たりや風通しをよくする。鉢植えは雨が当たらないような軒下などに移動させる。

虫 ハマキムシ類
発生：4〜10月
特徴：ガの幼虫が果実や枝葉などを食害する。周囲に黒くて丸い糞や白い糸が残っているので見分けることができる。
防除：とくに若い葉や果実をよく観察し、見つけ次第、捕殺する。

ブドウ

|ブドウ科ブドウ属| 難易度 むずかしい

　品種を選べば日本中で栽培できるブドウ。皮ごと食べられる欧州種、病気に強い米国種があり、近年は両者の長所を継いだ欧米雑種の品種が出回っています。
　また、数ある果樹のなかでも作業がもっとも多い果樹のひとつで、誘引・つる取り、摘心、2番枝取り、剪定で枝を管理します。果実については、きれいな果房をつくる整房、摘粒・摘房、袋がけをするとよいでしょう。とくに病害虫などから守る袋がけは重要です。

栽培のポイント
- 棚やオベリスクなどの支柱に仕立てる
- 整房、摘粒・摘房、袋がけを行う
- 剪定して枝を若く保つ

基本データ

形態：落葉つる性　受粉樹：不要
仕立て：棚仕立て（一文字仕立てやオールバック仕立て）
耐寒気温：−20℃（欧州種は−15℃）
とげ：無　　　　土壌pH：6.0 ～ 7.0
施肥量の目安（樹冠直径1m未満）：
元肥（2月）油かす 130g
追肥（6月）化成肥料 40g
礼肥（9月）化成肥料 30g

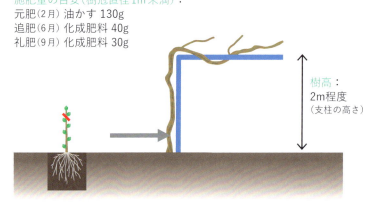

棒苗から結実まで：2 ～ 4年程度

COLUMN

品種選びのコツ

　'シャインマスカット'などの品種は食味は抜群ですが、耐病性が弱く、整房や摘粒などの手間もかかります。一方、'キャンベル・アーリー'は、昔ながらの味ですが、耐病性が強く、手間もあまりかかりません。

人気の'シャインマスカット'

おもな品種

種類	品種名	果皮色	果粒	耐病性	収穫期 8月	収穫期 9月	特徴
欧米雑種	デラウェア	赤	小粒	強	■		耐病性が強く、手間があまりかからないのが魅力。ジベレリン処理（→ P161）でタネなしに。
欧米雑種	シャインマスカット	黄緑	大粒	中	■	■	皮ごと食べられ、マスカットに似た香りをもつ人気種。手間がかかるので注意。
米国種	キャンベル・アーリー	黒	中粒	強		■	酸味が強くて、昔ながらの食味ながら、耐病性が強くて育てやすい。
欧米雑種	巨峰	黒	大粒	中		■	人気の定番品種で苗木が入手しやすい。実つきがやや悪いので、ジベレリン処理をする。

栽培カレンダー

1 誘引・つる取り（→P160）
2 摘心（→P160）
3 整房（→P161）
4 ジベレリン処理（→P161）
5 2番枝取り（→P162）
6 摘粒・摘房（→P162）
7 袋がけ（→P163）
8 収穫（→P163）
9 剪定（→P164）

植えつけ（厳寒期を除く）
肥料（元肥）
肥料（追肥）
肥料（礼肥）

鉢植えの管理作業

つる性なので、オベリスクやフェンスなどに枝を誘引するとよい。

樹高 1.5m程度（支柱の高さ）

水やり
鉢土の表面が乾いたらたっぷり

肥料〔8号鉢（直径24cm）〕
元肥（2月）→油かす 20g
追肥（6月）→化成肥料 10g
礼肥（9月）→化成肥料 8g

仕立て方
オベリスク仕立て（写真）、フェンス仕立てなど

棒苗から結実まで 1～3年程度

置き場
春～秋：日当たりがよくて、雨の当たらない軒下など
冬：屋外（－20～7℃程度）。日当たりや雨は問わない

用土
市販の「果樹・花木用の土」。なければ「野菜用の土」：鹿沼土小粒＝7：3。鉢底には鉢底石を3cm程度敷き詰める

作業

1. 誘引・つる取り

4月下旬〜8月

重要度：★★★

目的

新しく伸びた枝（新梢）を棚などに固定する作業を誘引といいます。誘引することで日当たり、風通しがよくなります。また、巻きづるは誘引や剪定時に邪魔になるので、切り取ります。

伸びはじめの枝（新梢）が上向きの場合は、無理に下に誘引すると折れるので、30cm程度まで伸びてから誘引する。

※短い新梢を無理に誘引すると折れやすい

誘引する部分

50〜70cm間隔に誘引

周囲の枝との位置関係を考慮して、なるべく棚面に均等に配置するように枝を動かし、50〜70cm間隔にひもで固定する。枝が伸びるたびに何度か誘引する。

巻きづる

葉のつけ根の反対側から巻きづるが発生し、支柱や枝に巻きつく。

誘引する際や冬の剪定時に枝を移動させるのに邪魔となるので、見つけ次第切り取る。

2. 摘心

4月下旬〜5月上旬

重要度：★★☆

目的

枝が伸びすぎると日当たりや風通しが悪くなり、養分を消費しすぎます。花への養分が不足して実つきが悪くなり、スカスカの果房（花ぶるい）になることがあります。開花前に摘心することで花ぶるいが軽減できます。

15〜20節を残して切る

摘心する位置の目安は節の数（葉の枚数）で、1枝あたり15〜20節（2番枝の葉を数えないで15〜20枚）程度を残し、それ以降は切り詰める。

3 整房
4月下旬〜5月
重要度：★★☆

目的

整房は房づくりとも呼ばれ、開花前のつぼみを切り詰めることで、美しい果房をつくることができます。'巨峰'や'ピオーネ'のように大粒〜中粒品種は花房が大きいので、そのままにするときれいな果房にならず、花ぶるいの原因ともなります。

大粒〜中粒品種

1 二股になっている花房の小さい方（岐肩／きけん）をつけ根で切る。

小さい方をつけ根で切る

2 上段の半分程度切り取る／15段程度残す／最下段は切り詰める

枝に近い上段にある半分程度のつぼみは切り取り、中段から下段にかけては15段程度（4〜7cm程度）残るようにする。最下段は二股になることがあるので、先端を少し切り詰める。

Check

整房しなかった'巨峰'。やや花ぶるいしており、果房の形が美しくありません。

小粒品種

小さい方をつけ根で切る

'デラウェア'などの小粒品種は、二股になっている花房の小さい方（岐肩）をつけ根で切るだけでよい。次のジベレリン処理をする場合は、1回目の処理直後に行う。

---

4 ジベレリン処理
5月〜6月
重要度：★☆☆

目的

市販のジベレリン（商品名：STジベラ錠5など）を2回に分けて処理すると、タネなしになり実つきもよくなります。品種によって処理時期や濃度が変わるので、詳細は取扱説明書を参考にして下さい。

1回目

'デラウェア'の1回目処理。満開14日前くらいに濃度100ppmで処理する。大部分の品種がジベレリン処理をしてはじめてタネなしになる。

2回目

'デラウェア'の2回目処理。満開10日後に濃度100ppmで処理する。

5 2番枝取り

5月中旬〜9月

重要度：★☆☆

目的
冬の剪定で残した茶色の枝から4月頃に発生する緑色の新梢を1番枝といい、1番枝の果房を収穫します。5月中旬頃に1番枝の葉のつけ根あたりから伸びる枝を2番枝といい、日当たりや風通しをよくして養分ロスを防ぐために摘心します。

2番枝の葉を、1〜2枚残して摘心する。養分ロスを防ぐために、長く伸びる前に行う。

摘心した2番枝から、さらに新たな枝（3番枝）が発生した場合は、再度、葉を1〜2枚残して摘心する。

---

6 摘粒・摘房
（てきりゅう・てきぼう）

6月

重要度：★★★

目的
果実を大きく甘くし、粒（果粒）のつぶれを防ぐために果粒を間引くことを摘粒といいます。摘房は果房をつけ根から間引き、養分ロスを防ぎます。

Check

それぞれの果粒が収穫時のサイズにまで大きくなることをイメージする。

写真は'巨峰'。摘粒適期の6月頃の果粒はまだ小さく、この状態で混み合っていると8月頃に大きくなった果粒がつぶれる恐れがあるので、混み合った果粒を間引く。

'巨峰'のような大粒品種は30〜35粒程度、'キャンベル・アーリー'のような中粒品種は50〜70粒程度を残す。'デラウェア'のような小粒品種は基本的には不要。

1枝に1〜5房程度は結実するので摘房する。巨峰のような大粒品種は1枝1果房、'キャンベル・アーリー'のような中粒品種は1枝1〜2果房、'デラウェア'のような小粒品種は1枝2果房に間引く。摘粒がうまくいった果房を残す。写真は'巨峰'。

162

7 袋がけ

6月

重要度：★★★

目的

果房を病害虫や小鳥などから守るために袋がけします。とくに黒とう病や裂果が多発する品種では必須です。大きな園芸店では、家庭用にブドウ専用の果実袋が市販されています。

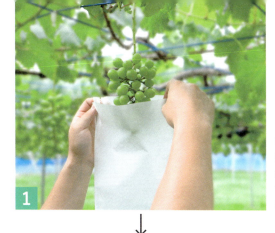

市販の果実袋をかぶせる。新聞紙などで自作した袋は水を通し、逆効果になるので使用しない。ポリ袋も蒸れるので不可。

ブドウ用の傘

付属の針金を使って果梗（かこう／果実の軸）に固定する。雨水や害虫が入らないようにしっかり固定する。生産農家では専用の傘を使用することもある。

8 収穫

8月～10月上旬

重要度：★★★

方法

果実袋を外して果粒の色を確認し、全体が色づいた果房のみを選んで収穫します。

果実袋をはずして色づきを確認する。色づきが良好でない場合は果実袋をかけ直す。果実袋をはずさずに、果実袋の下を少し破って、色づきを確認してもよい。

果梗を支えながらハサミで切り取って収穫する。果粒はデリケートなのでなるべく触らないようにし、果梗のみを持って取り扱う。

9 剪定

12月～2月

重要度：★★★

① **骨格となる枝の先端を切る**

骨格となる枝の先端付近から切りはじめる。

② **枝を更新しながら間引く**

古い枝のつけ根にある新しい枝に更新しながら、混み合った枝を間引く。

③ **残った枝を切り詰め誘引する**

残った枝を切り詰めて、棚に誘引する。

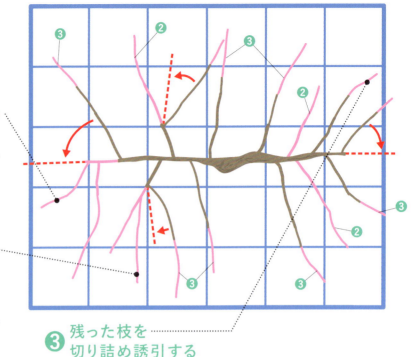

理解してから切ろう！
果実がなる位置と枝の切り詰め方

- 花芽の種類：混合花芽（ひとつの花芽から枝が伸び、複数の花が咲く）
- 花芽と葉芽の区別：外見でつきにくい
- 花芽がつく位置：枝の全域（品種によっては枝のつけ根の数芽にはつかない）
- 果実がなりやすい位置：ほとんどすべての枝

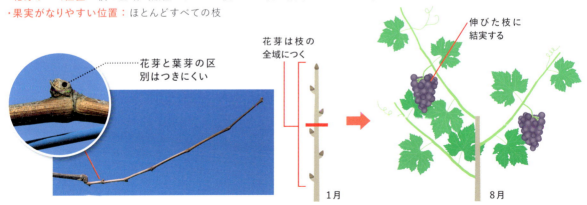

花芽は枝の全域に広く点在しているので、すべての枝を切り詰めても結実します。ただし、'巨峰'などの大粒品種の多くは、枝を切り詰めすぎると発生する枝が必要以上に長く伸び（徒長）、開花しても実つきが悪くなることがあるので、5～9芽を目安に残して切り詰めるのが一般的です（長梢剪定）。

例外的に'キャンベル・アーリー'のように徒長した枝にも結実しやすく、つけ根付近にも花芽がある品種は、すべての枝を1～2芽で切り詰めることもできます（短梢剪定）。長梢剪定はすべての品種に対応できますが、短梢剪定は限られた品種にしか対応できません。

❶ 骨格となる枝の先端を切る

主枝や亜主枝などの骨格となる枝の先端付近から切り、樹形をイメージしやすくします。
木の先端にスペースがある場合は、❷❸に続きます。スペースがない場合は、木を縮小します。

誘引したひもは一年で交換しないと枝に食い込むので、まずはひもを切り取ることからはじめる。枝が棚などに絡まっている場合もほどく。

先のスペースもほとんどないので、先端となる枝をAからBに替えて木を縮小する。残ったBの先端の枝は、❸で切り詰めてまっすぐになるように誘引する。

---

❷ 枝を更新しながら間引く

枝の発生量が多いので放置すると枝が混み合って暗くなります。棚1㎡当たり枝2～3本を目安に間引き、スカスカになるくらい枝を減らします。

長短さまざまな枝が交差しながら伸びているので、1㎡当たり枝2～3本を目安に間引く。

枝の伸びる方向などを考慮して、つけ根から間引く。残した枝は❸で切り詰めて、棚に固定する。写真は切り詰めた枝。

| Part 2 | 果樹の育て方　ブドウ　165

❸ 残った枝を切り詰め誘引する

残った枝を切り詰めて、新しい枝の発生を促します。切り詰めた枝はひもなどを用いて棚に誘引します。

長梢剪定 一般的には枝を切り詰めすぎると徒長した枝が発生し、果実がつきにくくなるので、枝は長め（5～9芽程度）に残します（長梢剪定）。

短梢剪定 'キャンベル・アーリー'などの品種は、冬の枝を1～2芽で切り詰めても結実しやすいです（短梢剪定）。

また、'巨峰'や'シャインマスカット'などの品種も、ジベレリン処理（161ページ）をして適正な枝の管理をすれば、短梢剪定でも結実することが多いです。

太い枝は9芽、細い枝は5芽を目安に切り詰める。ブドウは芽と芽の間で切ると、切り口から枯れ込みが入って先端の芽が枯れる恐れがあるので、芽のある位置（節）で切る。写真のようにスカスカに間引くのが理想的。

夏の状態。棚一面に枝が発生して、果房（白い果実袋）もたくさんついている。

1～2芽で切り詰める。樹形が単純で、切り方も理解しやすい。長梢剪定と同じく、残す芽の次の芽（2～3芽目）で切ると枯れ込みが少ない。

夏の状態（上写真）。短く切り詰めた枝から枝が伸びて結実している（右写真）。結実部位が一直線に並び、作業しやすいのも特徴。

誘引

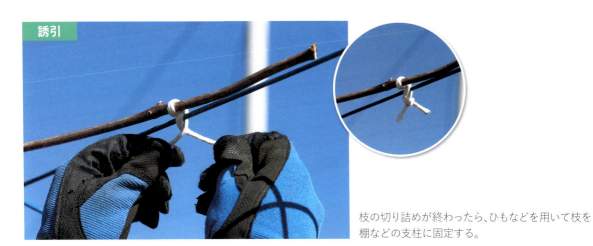

枝の切り詰めが終わったら、ひもなどを用いて枝を棚などの支柱に固定する。

剪定の前と後

前

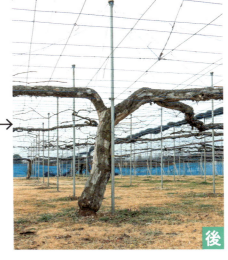
後

写真は長梢剪定。剪定によってほとんどの枝が間引かれて、スカスカになった。半年後には棚の下から見上げると、空が見えなくなるほど枝が伸びる。

病害虫と生理障害

病 べと病

発生：5〜9月

特徴：葉の裏面に白色のカビが生え、やがて橙色に変色する。花（果）房でも白色のカビがはえ、果粒がミイラ化する。

防除：感染した部位は見つけ次第、取り除く。湿度が高くならないように剪定などで風通しをよくする。殺菌剤の散布も効果的。

病 黒とう病

発生：5〜9月

特徴：梅雨の前後に枝葉や果実に黒褐色の斑点が多数発生する。多発すると収穫量が激減することもある。欧州種がとくに弱い。

防除：発生初期に感染した部位を取り除く。果実には果実袋をかぶせる。鉢植えは雨が当たらないように軒下などに置く。

虫 コガネムシ類

発生：4〜11月

特徴：成虫は葉を網目状に食い荒らし、幼虫は根を食害する。鉢植えで幼虫が発生すると木が枯れることもある。

防除：成虫は見つけ次第、捕殺する。鉢植えは植え替え時に幼虫を探して捕殺する。

ブルーベリー

|ツツジ科スノキ属|　難易度 ふつう

　家庭果樹では人気のブルーベリー。土が合わなかったり、水切れしたりすると木が枯れることもあるので注意が必要です。
　苗木1本でも結実する品種もありますが、受粉樹として異なる品種を一緒に育てると確実です(170ページ)。作業は剪定と収穫が中心で、実つきをよくする人工授粉、果実を大きくする摘果、枝を充実させる摘心は、余裕があれば行いましょう。

栽培のポイント
- 基本的には受粉樹が必要
- 酸性で水持ちのよい土に植えつける
- 根が乾燥に弱いので水切れに注意

基本データ

形態：落葉低木　受粉樹：必要(品種による)
仕立て：株仕立て
耐寒気温：-20～-10℃
とげ：無　　土壌pH：4.3～5.3
施肥量の目安(樹冠直径1m未満)：
元肥(3月) 油かす 130g
追肥(5月) 化成肥料 30g
礼肥(9月) 化成肥料 30g

樹高：1.5m程度

棒苗から結実まで：2～3年程度

COLUMN

ピートモスは扱いに注意

　酸性で水持ちのよい土を好むので、ピートモスや市販の「ブルーベリー用の土」を用いるのが一般的です。これらの土は一度乾燥すると水をはじきやすいため、植えつけ時には、バケツなどに入れて十分に水を含ませてから使用します。

「ブルーベリー用の土」は植えつけ前に十分水を含ませてから使用する

おもな品種

タイプ		品種名	収穫期			特徴
			6月	7月	8月	
ハイブッシュ	サザンハイブッシュ	オニール				果実重1.7g。早生の定番品種で甘味が強く、収穫量も多い。秋には鮮やかに紅葉する。
	ノーザンハイブッシュ	デューク				果実重2.6gの大果な早生品種。苗木1本でも実つきがよいことが多い。
		チャンドラー				裂果が少なく収穫量も多い。500円玉サイズで果実重3.3gの極大果が収穫できることも。
ラビットアイ		ノビリス				ラビットアイのなかでは、果実重2.5g大果で甘味が強い。樹勢が強いので剪定が重要。

栽培カレンダー

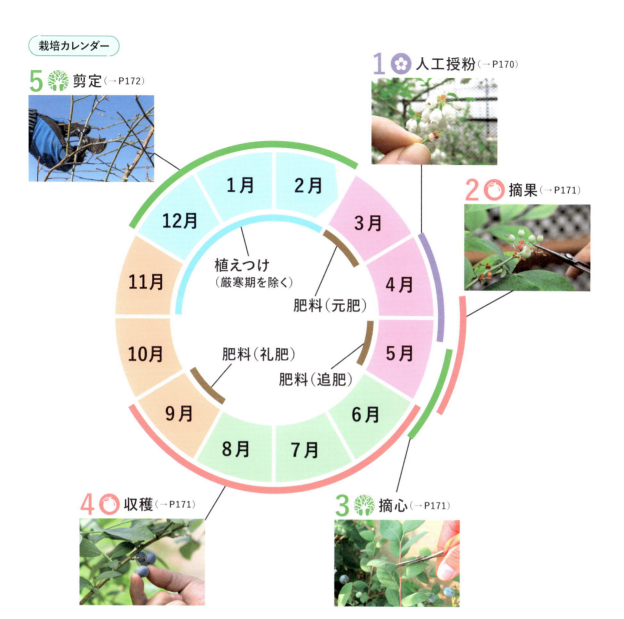

5 剪定（→P172）

1 人工授粉（→P170）

2 摘果（→P171）

3 摘心（→P171）

4 収穫（→P171）

円環内：
- 1月・2月：植えつけ（厳寒期を除く）
- 3月：肥料（元肥）
- 5月：肥料（追肥）
- 9月：肥料（礼肥）

鉢植えの管理作業

正しい用土に植えつけないと枯れることもあるので注意が必要。植えつけや用土については14ページ参照。

樹高 1.5m程度

水やり
鉢土の表面が乾いたらたっぷり。
結実期の6～9月はとくに注意

肥料〔8号鉢（直径24㎝）〕
元肥（3月）→油かす 20g
追肥（5月）→化成肥料 8g
礼肥（9月）→化成肥料 8g

仕立て方
株仕立て（写真）

棒苗から結実まで 1～2年程度

置き場
春～秋：日当たりがよくて、
　　　　雨の当たらない軒下など
冬：屋外（-10～7℃程度）。
　　暖かい室内に取り込むと翌年花が
　　咲かないこともあるので注意

用土
市販の「ブルーベリー用の土」。なければ「野菜用の土」：鹿沼土小粒＝5：5。
鉢底には鉢底石を3㎝程度敷き詰める

Part 2 | 果樹の育て方 | ブルーベリー

作業

1 人工授粉

4月〜5月上旬

重要度：★★☆

目的
基本的には不要ですが、実つきをよくしたい場合は行います。

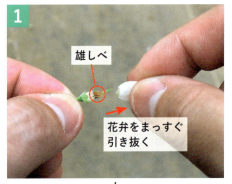

花弁の先端が狭くて絵筆などが届きにくいため、開花中の花を摘んでやさしく花弁を取り除く。茶色い雄しべがむき出しになる。

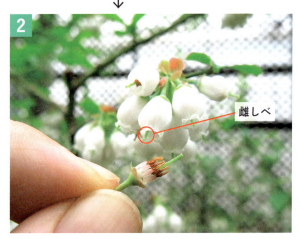

摘んだ花とは別の木(品種)に移動し、花の先端からはみ出している雌しべにこすりつける。1花で100個程度の花に受粉できる。

Check

受粉樹の有無と組み合わせ

ハイブッシュ、ラビットアイともに自家結実性、つまり苗木1本しかなくても結実する性質が強い品種があります。とくにハイブッシュでは自家結実性が強い品種が多いようです。一方、品種ごとの自家結実性の強弱は明確になっていないほか、自家結実性が強いとされている品種でも受粉樹があると結実が安定するので、品種に限らず受粉樹はぜひ用意しましょう。
受粉樹の組み合わせは、同じタイプ同士から異なる2品種以上、つまりハイブッシュならハイブッシュのなかから2品種以上、ラビットアイならラビットアイのなかから2品種以上の苗木を選んだほうが、遺伝的な相性がよく、開花期も近い傾向にあるので失敗しにくいです。
ただし、近年、ラビットアイとハイブッシュとの組み合わせでも、実つきがよい組み合わせが多数あることが報告されています。

タイプ		特徴	受粉樹	おもな品種
ハイブッシュ	サザンハイブッシュ	ノーザンハイブッシュの改良系統で、甘味のある果実が収穫できる。関東〜沖縄の比較的温暖な地域でも栽培できる。受粉樹がなくても実つきのよい品種もあるが、ハイブッシュの別の品種を植えるとよい。	必要(不要な品種もある)	オニール、サンシャインブルーなど
	ノーザンハイブッシュ	大粒で甘味と酸味のバランスがよく、生食に適した品種の系統。北海道〜中部地方の比較的冷涼な気候を好む。	必要(不要な品種もある)	デューク、チャンドラーなど
ラビットアイ		乾燥や高温によく耐え、土を選ばず育てやすいタイプが多い。関東以南など温暖な地域で栽培できる。	おもに必要	ホームベル、ノビリスなど

2 摘果

4月下旬〜5月

重要度：★☆☆

目的
豊作と不作の年を繰り返す性質（隔年結果性）が弱いので、大きくて甘い果実を収穫したい場合のみ摘果します。

5〜10個程度に間引く

小さな果実や形の悪いものを選び、1か所に5〜10個程度を残してハサミで切る。写真は、シーズン前の剪定で花芽を間引いたため（175ページ）、結実数が多くはないので微調整として小さい果実を1果だけ間引いた。

---

3 摘心

5月中旬〜6月上旬

重要度：★☆☆

目的
徒長する新しく伸びた枝（新梢）には花芽がつきにくいので、摘心して新梢の先端に花芽をつきやすくさせます。花芽ができはじめる7月以降に摘心すると逆効果なので、作業時期に注意します。

前　先端を1/4〜1/5切り詰める

伸びた新梢の先端を1/4〜1/5程度切り詰める。写真は5月の様子。

後　充実しはじめた芽

9月の様子。芽が充実して、花芽になる可能性が高い。

---

4 収穫

6月〜9月

重要度：★★★

方法
果実の全体が青紫色に色づいたら収穫適期です。酸味が苦手な場合は、軽くつまんでやわらかくなったものだけを収穫するとよいでしょう。ただし品種によってはやわらかくなっても酸味が減らないものもあります。

果実を軽くつまみ、軸（果梗／かこう）の延長線上にまっすぐ引き抜く。横向きに引っ張ると果梗のあとが傷つき、数日でカビが生えることもあるので注意。

Check　傷がついた果実

左：まっすぐ引き抜き、正しく収穫したので傷つかなかった果実。
右：横向きに引き抜いたため、傷がついた果実。

Part 2 | 果樹の育て方　ブルーベリー

5 剪定 12月～2月 重要度:★★★

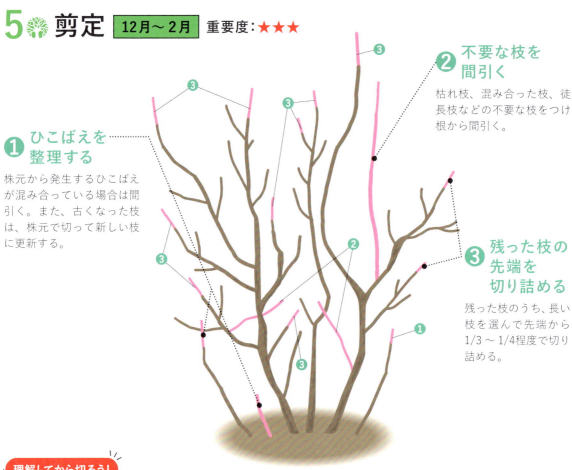

① ひこばえを整理する
株元から発生するひこばえが混み合っている場合は間引く。また、古くなった枝は、株元で切って新しい枝に更新する。

② 不要な枝を間引く
枯れ枝、混み合った枝、徒長枝などの不要な枝をつけ根から間引く。

③ 残った枝の先端を切り詰める
残った枝のうち、長い枝を選んで先端から1/3～1/4程度で切り詰める。

理解してから切ろう！
果実がなる位置と枝の切り詰め方

・花芽の種類：純正花芽（ひとつの花芽から5花程度が咲く）
・花芽と葉芽の区別：外見でつきやすい
・花芽がつく位置：枝の先端付近のみ
・果実がなりやすい位置：短果枝や中果枝

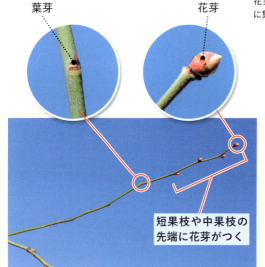

葉芽／花芽／短果枝や中果枝の先端に花芽がつく

花芽は枝の先端に集中する／先端を切ると果実がつかない（1月）→枝の先端に結実する（6月）

花芽は、短果枝や中果枝といった長すぎない枝（20cm未満）の先端付近につきやすいので、すべての枝を一律に切り詰めるとほとんどの花芽がなくなり、収穫量が激減します。
とはいえ、枝を若返らせて充実させるためには枝を切り詰める必要があるので、先端に花芽がほとんどついていない長い枝のみを選んで切り詰めます。

❶ ひこばえを整理する

地面から発生するひこばえの整理から取りかかります。新しく発生したひこばえが混み合っている場合はつけ根から間引き、先端を切り詰めておきます。2〜3年経過し、ほかのひこばえは枝分かれして果実がつくようになったら、周囲の古くて果実がつきにくくなった枝を地際で切り取り、交換（更新）することで収穫量が安定し、樹高を低くすることができます。

株元からひこばえが多く発生しており、整理する必要がある。

交差して当たっているひこばえは間引く。また、株元から遠くに離れすぎているひこばえがあった場合もつけ根で間引く。

ひこばえが2年経過して結実するようになったので、古い枝と交換する

残した新しい枝は、先端を1/4〜1/5程度切り詰めて、若い枝を発生しやすくさせる。2〜3年経過して、❷で残した枝が古くなったらこの枝に更新する。

| Part 2 | 果樹の育て方 ブルーベリー 173

❷ 不要な枝を間引く

徒長枝、枯れ枝、交差枝、混み合った枝などをつけ根から間引きます。

徒長枝（40cm以上の長い枝）は結実しにくく、樹形を乱すのでつけ根で切り取る。

枯れ枝では病原菌が越冬する可能性があるので、つけ根で切り取る。

交差している枝や混み合った枝は、日当たりや風通しをよくするためにつけ根で間引く。

交差した枝を切り、混み合った部分が解消された。枝が多く発生して交差しやすいので、ほかの不要な枝もすべて切る。

❸ 残った枝の先端を切り詰める

充実した枝を発生させるため、一部の枝の先端を1/3〜1/4程度で切り詰めます。
また、花芽が多くついている場合は、1枝に花芽が3個程度になるように間引くと、養分ロスを防いで大きくて甘い果実を収穫することができます。

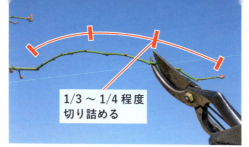

1/3〜1/4程度切り詰める

残った枝のうち、先端に花芽がついていない枝や30cm以上の長い枝を選んで、先端から1/3〜1/4程度で切り詰める。

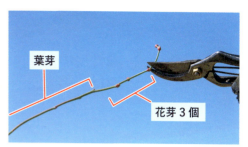

葉芽　花芽3個

花芽は3個程度に間引く。摘果より養分ロスを防ぐ効果が高く、大粒で甘い果実を収穫できる。

剪定の前と後

前

後

剪定前後のブルーベリー。枯れ枝、混み合った枝、徒長枝などの不要な枝をつけ根から間引き、残った枝の一部を切り詰めた。

病害虫と生理障害

病 斑点病

発生：5〜9月
特徴：葉に褐色〜赤色の斑点が発生する。果実に感染するとカビが生えて収穫できない。
防除：被害部位は取り除く。鉢植えはなるべく雨の当たらない軒下などに置く。庭植えは摘心や剪定などを行って風通しをよくする。

虫 コガネムシ類

発生：4〜11月
特徴：成虫は葉を網目状に食い荒らし、幼虫は根を食害する。鉢植えで幼虫が発生すると木が枯れることもある。
防除：成虫は見つけ次第、捕殺する。鉢植えは植え替え時に幼虫を探して捕殺する。庭植えは殺虫剤を散布するのが効果的。

障 葉の退色

発生：5〜11月
特徴：葉のうち葉脈以外の部分の緑色が抜けて薄くなる。土が酸性でないと、色々な肥料成分が吸収できずに発生しやすい。
防除：発生が軽ければ気にしなくてもよい。多発する場合は、土の酸度を測定して、酸性（pH＝4.5程度）になるよう土壌改良する。

ポポー

|バンレイシ科ポポー属|　難易度 ふつう

　ポポーはねっとりとした食感とバナナやマンゴー、リンゴを合わせたような味が特徴的な果実です。明治時代に普及し、戦後にバナナの代用品として植えられた地域も多いようです。
　自身の花粉では実つきが悪い品種もあるので、受粉樹として異なる品種を育てて、人工授粉をするとよいでしょう。その後、摘果で果実を間引いて、収穫・追熟します。冬に剪定して樹高を低く維持します。

栽培のポイント

- 受粉樹を近くに植えて人工授粉する
- 大きくて甘い果実にするには摘果する
- 追熟してから食べる

基本データ

形態：落葉高木　　受粉樹：必要（品種による）
仕立て：変則主幹形仕立て（ほかに開心自然形仕立てなど）
耐寒気温：－20℃（詳細は不明）
とげ：無　　　　土壌pH：5.5～6.0（詳細は不明）
施肥量の目安（樹冠直径1m未満）：
元肥（2月）油かす 130g
追肥（6月）化成肥料 30g
礼肥（10月）化成肥料 30g

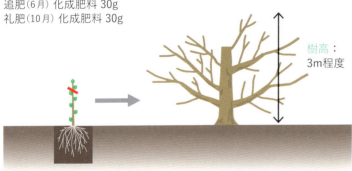

樹高：3m程度

棒苗から結実まで：4～7年程度

COLUMN

品種名が明記された苗木を入手

　ラベルに果樹名の「ポポー」としか記載されていない苗木をよく見かけます。実つきをよくするには、異なる品種間で受粉させると確実ですが、品種名がわからないと異なる品種を入手することができません。必ず品種名が明記された苗木を購入しましょう。

品種名が明記されたラベル

おもな品種

品種名	自家結実性	収穫期 9月	収穫期 10月	特徴
NC-1	中	■		耐寒性が強い早生品種。大木になりやすいが果実重300gと大果で甘味も濃厚。
マンゴー	弱	■		果実重350gの極大果がつきやすい早生品種。わずかにマンゴーに似た形や風味をもつ。
ウィルソン	強	■		果実重150gの小果ながら自家結実性が強く、甘味が強いのが特徴。香りが豊か。
サンフラワー	中		■	果実重200gの代表的な晩生品種。黄色に色づくと収穫可能で食味は良好。

※自家結実性 → 苗木1本でも実つきがよい性質

栽培カレンダー

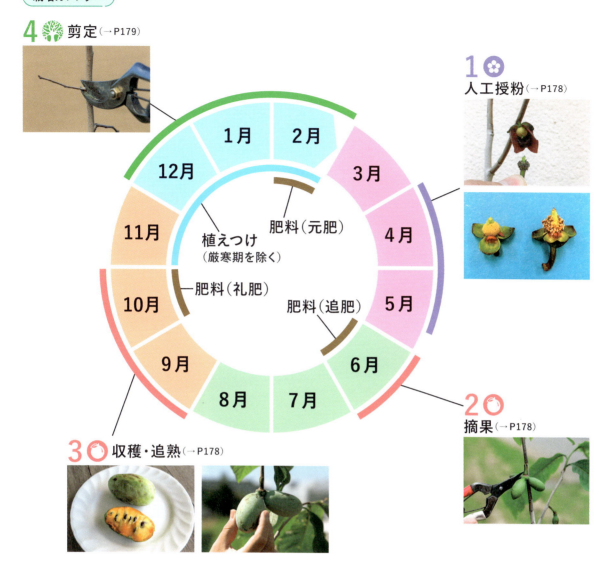

鉢植えの管理作業

鉢植えだと株元付近の枝が枯れていく傾向にあるので、剪定時に枝の先端を切り詰めて若い枝を発生させるとよい。

樹高 1.5m程度

水やり
鉢土の表面が乾いたらたっぷり

肥料〔8号鉢（直径24㎝）〕
元肥（2月）→油かす 20g
追肥（6月）→化成肥料 8g
礼肥（10月）→化成肥料 8g

仕立て方
変則主幹形仕立て（写真）、
開心自然形仕立て

棒苗から結実まで 3〜5年程度

置き場
春〜秋：日当たりがよくて、
雨の当たらない軒下など
冬：屋外（－20〜7℃程度）。
日当たりや雨は問わない

用土
市販の「果樹・花木用の土」。なければ
「野菜用の土」：鹿沼土小粒＝7：3。
鉢底には鉢底石を3㎝程度敷き詰める

| Part 2 | 果樹の育て方 **ポポー** 177

作業

1. 人工授粉

4月～5月中旬

重要度：★★★

目的

開花の仕組みが特殊で、同じ花のなかにある雌しべが雄しべよりも先に受粉可能な状態になり、雄しべから花粉が出る頃には雌しべは枯れています。このため、開花期が異なる花同士で受粉する必要があります。

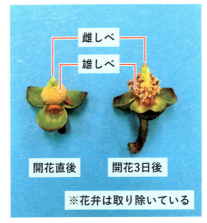

左：開花直後の花。雌しべは受粉可能だが、雄しべからは花粉が出ていない。
右：開花3日後の花。雄しべからは花粉が出ているが、雌しべは枯れている。

雄しべから花粉が出ている花を摘み取り、花弁を取り除いて、開花直後の別の花の雌しべにこすりつける。同じ品種同士では実つきが悪いこともあるので、異なる品種で交互に受粉させるとよい。

---

2. 摘果

6月

重要度：★★★

目的

1か所に複数（2～7果）の果実がつくことが多く、すべて残すとサイズや品質に影響するため摘果を行います。

1か所に3果以上つく場合は、1か所に1～2果を目安に間引く。

---

3. 収穫・追熟

9月～10月

重要度：★★★

方法

果実が黄色や黄緑色などに色づいたら収穫適期です。または、落果しはじめたら収穫します。収穫後は2～7日ほど追熟してから食べます。

果実を持ち上げるようにして収穫し、2～7日室内の涼しい場所（冷蔵庫は不可）に放置して追熟させる。またはリンゴと一緒に袋に入れる（154ページ）。

食べるときは皮をむき、スプーンなどでタネをよけて果肉のみを食べる。

4 剪定 12月〜2月 重要度：★★★

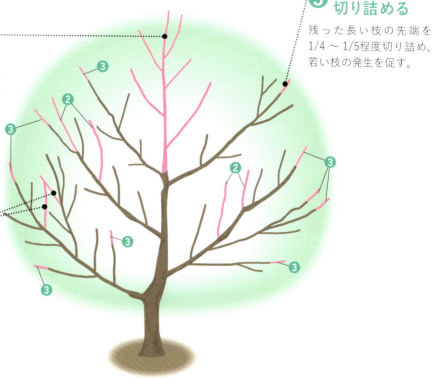

❶ 木の広がりを抑える
木の高さや横への広がりを抑え、コンパクトにしたい場合は、何本かの枝をまとめて切り取る。

❷ 不要な枝を間引く
交差枝や徒長枝、混み合った枝などの不要な枝をつけ根で間引く。

❸ 枝の先端を切り詰める
残った長い枝の先端を1/4〜1/5程度切り詰め、若い枝の発生を促す。

理解してから切ろう！
果実がなる位置と枝の切り詰め方

- 花芽の種類：純正花芽（ひとつの花芽から1花が咲く）
- 花芽と葉芽の区別：外見でつきやすい
- 花芽がつく位置：枝の全域
- 果実がなりやすい位置：短果枝、中果枝

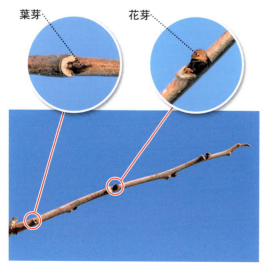

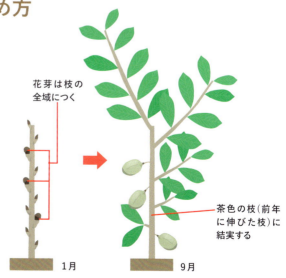

花芽は枝の全域につく

茶色の枝（前年に伸びた枝）に結実する

花芽は大きくて丸く、葉芽は小さくて尖っているので外見で区別できます。花芽は枝の全域につくので、枝を切り詰めても花芽は残りますが、切り詰めすぎると枝が必要以上に長く伸び（徒長）て、翌年用の花芽がつきにくいので、先端は1/4〜1/5程度切り詰めます。

Part 2 | 果樹の育て方　ポポー　179

❶ 木の広がりを抑える

木の高さや横への広がりを抑えたり、さらにコンパクトにしたい場合は、何本かの枝をまとめて切り取る。大木になりやすいので、手が届かなくなる前に芯を止めるとよいでしょう。

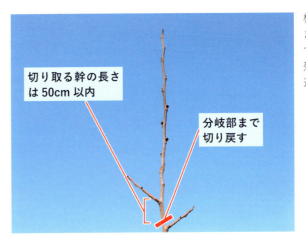

切り取る幹の長さは50cm以内

分岐部まで切り戻す

樹高が高くなってきたら、分岐部まで切り戻す。切り残しがあると枯れ込むので注意。

---

❷ 不要な枝を間引く

交差枝や徒長枝、枯れ枝、混み合った枝などの不要な枝をつけ根で間引く。

交差枝

交差した枝

1

交差している枝は、風などで揺れるとすれて傷になるほか、混み合って日当たりや風通しが悪くなるので、不要な枝として切る。

2

切り残しがないようにつけ根から切り取る。

Check

傷口がふさがりにくい傾向にあるので、枝を間引いて残った大きな傷口には癒合促進剤を塗ります。

枯れ枝

枯れ枝もつけ根で切る

枯れ枝には病原菌が潜んでいることがあるので、つけ根で間引く。

❸ 枝の先端を切り詰める

残った長い枝の先端を1/4〜1/5程度切り詰め、若い枝の発生を促し、結実部位を増やします。

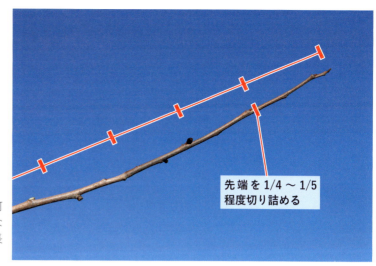

先端を1/4〜1/5程度切り詰める

枝の先端を1/4〜1/5程度切り詰める。可能であれば、先端の芽が葉芽になるような位置で切るとよい。切り詰めすぎると徒長枝が発生して、翌年に花芽がつきにくい。

剪定の前と後

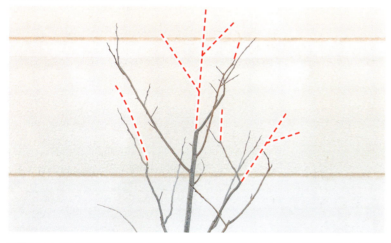

剪定で4割程度の枝を切り取った。
生育が旺盛な木は6割、弱っている木は3割と切り取る量を調整するとよい。

病害虫と生理障害

虫 アブラムシ類
発生：5〜9月
特徴：若い枝葉を吸汁する。花びら（写真）のほか、新梢の先端付近にとくに発生しやすい。すす病も併発する。
防除：とくに若い葉の裏側をよく観察し、見つけ次第、捕殺する。

虫 ハマキムシ類
発生：4〜10月
特徴：ガの幼虫が果実や枝葉などを食害する。周囲に黒くて丸い糞や白い糸が残っているので見分けることができる。
防除：とくに若い葉や果実をよく観察し、見つけ次第、捕殺する。

虫 ナメクジ類
発生：4〜5月、9〜10月
特徴：開花時の花弁や収穫前の果実を加害する。周囲にナメクジが歩いた粘液の筋の形跡が残るので区別できる。
防除：開花期や成熟期に重点的に観察し、見つけ次第、捕殺する。昼間は鉢植えの底部分などの日陰に隠れていることが多い。

モモ・ネクタリン

|バラ科モモ属| 難易度 むずかしい

モモは人気の高い果物です。ネクタリンはモモの仲間で、果実の表面の毛が少なく、果肉が硬めでタネと果肉がきれいに離れる品種が多いのが特徴です。

両者とも栽培方法は同じで、実つきをよくする人工授粉、果実を大きく甘くする摘果後に袋がけをして収穫します。病害虫が発生しやすいので、袋がけはぜひとも行いましょう。冬に剪定します。摘心や捻枝は余裕があれば行います。

栽培のポイント
- 花粉が少ない品種は受粉樹が必要
- 病害虫にとくに弱いので対策を万全に
- 摘果すると甘くて大きな果実に

モモ
ネクタリン

基本データ

形態：落葉高木　受粉樹：不要（品種による）
仕立て：開心自然形仕立て（ほかに変則主幹形仕立てなど）
耐寒気温：−15℃
とげ：無　　土壌pH：5.5〜6.0
施肥量の目安（樹冠直径1m未満）：
元肥（3月）油かす 130g
追肥（5月）化成肥料 30g
礼肥（9月）化成肥料 30g

樹高：2.5m程度

棒苗から結実まで：3〜5年程度

COLUMN

花粉が少ない品種に注意

品種によっては花粉が少なく（ほとんどない）、苗木1本では実つきが悪い場合があります。花粉が少ない品種は下記のとおりで、受粉樹として花粉が多い品種を近くに植えて、人工授粉をしたほうがよいでしょう。

花粉が少ない（ほとんどない）品種	
白桃（はくとう）	川中島白桃（かわなかじまはくとう）
西野白桃（にしのはくとう）	おかやま夢白桃（ゆめはくとう）
阿部白桃（あべはくとう）	浅間白桃（あさまはくとう）
大和白桃（やまとはくとう）	西尾ゴールド（にしお）
砂子早生（すなごわせ）	倉方早生（くらかたわせ）

おもな品種

	品種名	花粉	収穫期 6月	7月	8月	果肉色	特徴
モモ	武井白鳳（たけいはくほう）	多	■			白	果実重220g。早生品種のなかでは品質がよい白肉種。病害虫が大発生する前に収穫可。
	あかつき	多		■		白	果実重250g。高糖度低酸度で食味が優れる近年人気の白肉種。裂果も少ない。
	黄金桃（おうごんとう）	多			■	黄	果実重250g。人気の黄肉種。開張性で枝が立ちにくいので、仕立てやすい。
ネクタリン	ファンタジア	多			■	黄	果実重230g。ネクタリンのなかでもトップクラスの食味をもつ定番品種。

栽培カレンダー

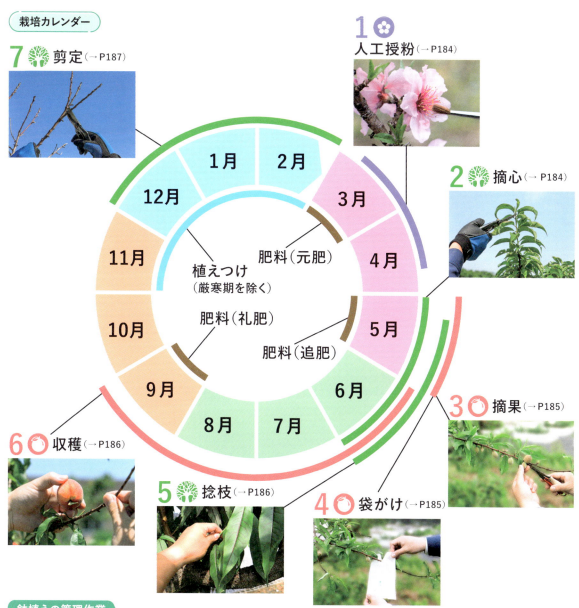

7 剪定 (→P187)
1 人工授粉 (→P184)
2 摘心 (→P184)
3 摘果 (→P185)
4 袋がけ (→P185)
5 捻枝 (→P186)
6 収穫 (→P186)

肥料（元肥）
植えつけ（厳寒期を除く）
肥料（礼肥）
肥料（追肥）

鉢植えの管理作業

樹高が高くなりやすいので、なるべく株元に近い枝を大事に育て、コンパクトな木になるように心がける。

樹高 1.5m程度

水やり
鉢土の表面が乾いたらたっぷり。果実の成熟期に乾き気味にすると糖度が上昇する

肥料〔8号鉢（直径24cm）〕
元肥（3月）→油かす 20g
追肥（5月）→化成肥料 8g
礼肥（9月）→化成肥料 8g

仕立て方
開心自然形仕立て（写真）
変則主幹形仕立てなど

棒苗から結実まで 2～4年程度

置き場
春～秋：日当たりがよくて、
　　　　雨の当たらない軒下など
冬：屋外（－15～7℃程度）。
　　日当たりなどは問わない

用土
市販の「果樹・花木用の土」。なければ「野菜用の土」：鹿沼土小粒＝7：3。鉢底には鉢底石を3cm程度敷き詰める

Part 2 | 果樹の育て方　モモ・ネクタリン

作業

1. 人工授粉

3月中旬～4月中旬

重要度：★★☆

目的

花粉が多い品種は、基本的には昆虫などが受粉してくれるので、人工授粉は不要ですが、毎年のように実つきが悪い場合は行います。
花粉が少ない品種は、人工授粉が必要です。

花粉が多い品種は、乾いた絵筆などを用いて、同じ花のなかの雄しべと雌しべに交互に触れる。

花粉が少ない品種を育てている場合の人工授粉。花粉が多い品種の花を摘み、花粉が少ない品種の花にこすりつける。

2. 摘心

5月～6月

重要度：★★☆

目的

翌年以降に結実する枝の長さが20cm程度(短果枝や中果枝)で生育が止まるように、生育初期に先端を摘み取ります。
日当たりや風通しをよくすると同時に、枝に回る養分を翌年の花芽に多く配分して収穫量を確保します。

翌年果実をならせたい新梢のうち、真上に伸びるものだけを選び、20cm程度で摘心する。すべての新梢に行う必要はない。

3 摘果

5月

重要度：★★★

目的

摘果することで甘くて大きな果実を収穫できます。
5月より前に摘果すると、果実が肥大しすぎて核が割れ(核割れ)、落果することもあるので注意します。

1果当たりの葉が30枚(葉果比30)程度になるように横向きや下向きの果実を残し、落果しやすい上向きのものを優先して間引く。枝(昨年伸びた茶色の枝)の長さでいうと、30cm以上の枝には2〜3果、10〜30cmの枝には1果、10cm以下の枝は3〜4本に1果が目安。

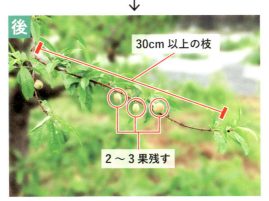

30cm以上の枝なので3果残した。ハサミでなく、手で間引いてもよい。

4 袋がけ

5月

重要度：★★★

目的

灰星病やシンクイムシ類のような病害虫から果実を守るためには、袋がけは重要な作業です。摘果直後の果実に市販の果実袋をかけます。

果梗(かこう／果実の軸)が短いので、果実袋は枝ごとかける。モモ専用の果実袋には、V字の切れ込みが入り、かけやすくなっていることが多い。

袋がけ後。付属の針金を枝に巻いて、しっかりと固定する。周囲の果実にも袋がけをする。

Part 2 | 果樹の育て方 モモ・ネクタリン 185

5 捻枝(ねんし)

5月中旬～6月

重要度：★☆☆

目的

捻枝とは新梢を手でねじって少し傷をつけ、曲げて向きを変えることです。
新梢の向きを変え、欲しい場所に配置することができます。

モモは主枝や亜主枝のような太い枝(写真)に直射日光が当たると、日焼けして樹液が落ちることがある(樹脂症)。

捻枝の方法は60ページを参考にする。捻枝によって奥の方向に伸びていた枝を横向きに配置して、直射日光を遮る。

---

6 収穫

6月～9月

重要度：★★★

方法

果実袋をはずし、全体が色づいた果実だけを選んで収穫します。色づきが不十分で収穫できない果実には、再び果実袋をかけ直します。
手で軽く支え、上に持ち上げると収穫できます。

果実袋をはずして色づきを確認してから収穫する。果実を軽くにぎって上に持ち上げると収穫できる。

Check

果梗（果実の軸）を残すとほかの果実を傷つける恐れがあるので、切り取ります（二度切り）。

7 剪定 12月〜2月 重要度:★★★

❶ 骨格となる枝の先端を間引く
今後の樹形の方針に沿って、骨格となる枝の先端付近から取りかかる。

❷ 不要な枝を間引く
交差枝や徒長枝、胴吹き枝、混み合った枝などの不要な枝をつけ根で間引く。

❸ 残った枝の先端を切り詰める
残った枝の先端を1/4程度切り詰める。先端の芽が葉芽になるような場所で切るのがポイント。

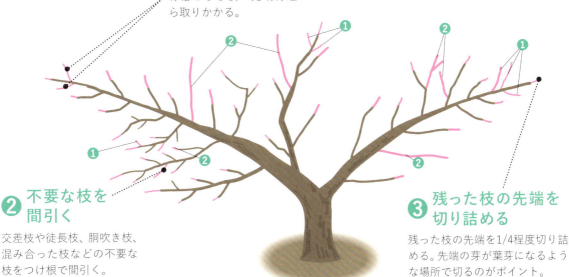

※先端がピンクの枝は❸

理解してから切ろう!

果実がなる位置と枝の切り詰め方

・花芽の種類:純正花芽(ひとつの花芽から1花が咲く)
・花芽と葉芽の区別:外見でつきやすい
・花芽がつく位置:枝の全域
・果実がなりやすい位置:基本的にはどの枝にもなりやすい

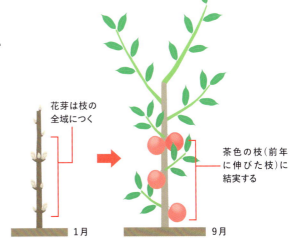

花芽は葉芽よりも大きいので外見で区別がつきます。基本的には枝の長さにかかわらず結実しますが、30cm以下の短果枝や中果枝に花芽が多くつきやすく、果実の品質もよい傾向にあります。短果枝や中果枝を多く発生させるには、剪定時に残った枝の先端を1/4程度切り詰めると効果的です。

❶ 骨格となる枝の先端を間引く

主枝や亜主枝の先端付近は今後骨格となる枝になるので、最初に取りかかるとよいでしょう。残した枝は❸で切り詰めます。

延長線上に伸びる枝で木の先端になる

側枝として翌年から結実させる

主枝や亜主枝の先端が何本も枝分かれしている場合は、なるべく充実していて、主枝や亜主枝の延長線上にまっすぐ伸びる長果枝を1本と周囲の枝を1本残し、周囲の枝をつけ根で間引く。

---

❷ 不要な枝を間引く

交差枝や徒長枝、胴吹き枝、混み合った枝などの不要な枝をつけ根で間引きます。

真上に伸びる長果枝は間引く

真上に伸びる太い長果枝は樹形を乱すので、なるべく間引く。短果枝や中果枝（30cm以下）は花芽が多く、品質がよい果実がなりやすいので、長果枝（30cm以上）を3割程度、短果枝や中果枝を7割程度の割合にするのが理想的。

Check

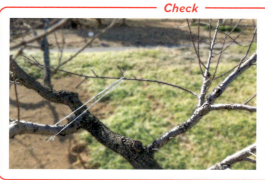

ひもなどを使って主枝や亜主枝を隠すように周囲の枝を配置させると、直射日光による日焼けを防ぐことができます。

❸ 残った枝の先端を切り詰める

残った枝のうち、20cm以上の枝の先端を切り詰め、枝の発生を促します。

先端を1/4程度切り詰める

花芽はかき取る

残った枝のうち、20cm以上の枝の先端をすべて1/4程度切り詰める。先端の芽が葉芽になるような位置で切り、葉芽と同じ位置に花芽もついている場合は、指でかき取るとさらによい。先端の芽が葉芽になることで、先端が枯れ込むのを防ぐ効果がある。

剪定の前と後

前

後

モモの剪定前後。骨格となる枝の先端付近の枝についた果実はなるべくすべて摘果し、枝の生育に専念させるとよい。

病害虫と生理障害

病 灰星病
発生：5〜7月
特徴：成熟直前の果実に褐色の斑点が発生し、果実が粉をふいて白くなる。とくに注意すべき病気。
防除：被害果は取り除く。鉢植えはなるべく軒下などに置いて雨を避ける。庭植えは摘果後に袋がけをする。

病 縮葉病
発生：4〜9月
特徴：葉に火ぶくれ状の縮れた斑点を生じる。赤色に変色する点や脱皮あとがないのが、アブラムシ類と区別するポイント。
防除：萌芽前の冬に登録のある薬剤を散布するのがもっとも効果的。

虫 シンクイムシ類
発生：5〜9月
特徴：モモノゴマダラメイガなどの幼虫が、果実内に侵入して糞をしながら食害する。新梢にも被害が発生する場合も。
防除：果後に果実袋をかぶせる。発生が激しい6〜8月に木を観察し、見つけ次第、捕殺。

ラズベリー・ブラックベリー

| バラ科キイチゴ属 |　難易度 やさしい

ラズベリー　　ブラックベリー

ラズベリー・ブラックベリーはともに寒さや病害虫に強く、受粉樹が不要で木がコンパクトなので初心者でも気軽に育てることができます。6月頃と9月頃の2回収穫できる二季なり性の品種が人気です。

収穫までに行う必須の作業は少なく、枝を固定する誘引だけです。人工授粉は実つきが悪い場合のみ行います。6月に結実した枝の多くは冬に枯れ、新しく発生したひこばえを毎年更新・剪定して利用します。

栽培のポイント
- 一季なり性品種と二季なり性品種がある
- 樹姿に合わせた支柱に誘引する
- 株元から発生するひこばえを利用する

基本データ

形態：落葉低木　　受粉樹：不要
仕立て：株仕立て(ラズベリー)、フェンス仕立てなど(ブラックベリー)
耐寒気温：－35℃(ラズベリー)　－20℃(ブラックベリー)
とげ：有(品種による)　　土壌pH：5.5～7.0
施肥量の目安(樹冠直径1m未満)：
元肥(3月) 油かす 130g
追肥(5月) 化成肥料 30g
礼肥(9月) 化成肥料 30g

樹高：1m程度

棒苗から結実まで：2～3年程度

COLUMN

樹姿と用いる支柱

品種によって枝の伸び方(樹姿)が異なります。直立性や開張性の品種は、枝がほぼ自立するので棒状の支柱でも支えられ、株仕立てで育てます。一方、下垂性や半下垂性、ほふく性の品種は枝が自立しにくいので、オベリスクやフェンスなどのしっかりした支柱を設置して仕立てます。

果樹名	品種名	樹姿
ラズベリー	インディアンサマー	開張性
	ファールゴールド	直立性
ブラックベリー	カイオワ	半下垂性
	マートンソーンレス	下垂性

おもな品種

果樹名	品種名	収穫	収穫期 6月	7月	8月	9月	10月	特徴
ラズベリー	インディアンサマー	二季なり	■			■		6月頃と9月頃に収穫できる人気の二季なり品種。果実は赤色でとげはある。
	ファールゴールド	一季なり		■				枝が伸びすぎずコンパクトに仕立てられる。果実は黄色でとげはある。
ブラックベリー	カイオワ	一季なり		■	■			黒色の極大果がなる品種で樹勢も強い。鋭いとげがあるので注意が必要。
	マートンソーンレス	一季なり		■	■			代表的な品種で、とげがない。果実は黒色で酸味がやや強いが豊産性。

栽培カレンダー

4 剪定（→P193）

1 人工授粉（→P192）

2 誘引（→P192）

3 収穫：二季なり品種

1 人工授粉：二季なり品種

3 収穫（→P192）

1月／2月／3月／4月／5月／6月／7月／8月／9月／10月／11月／12月

植えつけ（厳寒期を除く）
肥料（元肥）
肥料（追肥）
肥料（礼肥）

鉢植えの管理作業

フェンスやオベリスクなどの支柱を設置する。枝が細いので、アサガオ用のあんどん支柱でもなんとか誘引できる。

樹高 1m程度

水やり
鉢土の表面が乾いたらたっぷり

肥料〔8号鉢（直径24cm）〕
元肥(3月)→油かす 20g
追肥(5月)→化成肥料 8g
礼肥(9月)→化成肥料 8g

ラズベリー

仕立て方
株仕立て（写真）、
オベリスク仕立てなど

棒苗から結実まで 1～2年程度

置き場
春～秋：日当たりがよくて、
　　　　雨の当たらない軒下など
冬：屋外（−20～7℃程度）。
　　日当たりなどは問わない

用土
市販の「果樹・花木用の土」。なければ「野菜用の土」：鹿沼土小粒＝7：3。鉢底には鉢底石を3cm程度敷き詰める

| Part 2 | 果樹の育て方　ラズベリー・ブラックベリー　191

作業

1. 人工授粉
5月、8〜9月

重要度：★☆☆

目的
基本的には昆虫などが受粉してくれるので、人工授粉は不要ですが、毎年のように実つきが悪い場合は行います。

ラズベリー
同じ花のなかの花粉が雌しべにつけばよいので、乾いた絵筆などで軽く触れる。

ブラックベリー
ラズベリーと同様の方法で受粉させる。花はラズベリーよりも大きくて豪華。

2. 誘引
5月〜10月

重要度：★★★

目的
ラズベリーは比較的枝が自立しやすい品種が多いですが、それでも棒状の支柱などに固定することで、枝が安定します。
ブラックベリーは多くの品種で枝が自立しにくいので、フェンスやオベリスクなどの支柱に固定します。

ブラックベリー
枝が伸びたら、オベリスクなどにひもで結んで誘引する。

3. 収穫
5月中旬〜8月上旬、9月中旬〜10月中旬

重要度：★★★

方法
果実全体が色づいたら収穫適期です。色づいた果実のみを選んで順次収穫します。

ラズベリー
花托
手で軽くつまみ、軸（果梗／かこう）の延長線上にまっすぐ引き抜く。花托（かたく／花のつけ根）が木に残る。

ブラックベリー
ラズベリーと同様の方法でまっすぐ引き抜く。花托が果実についたまま取れる。

4 剪定 12月〜2月 重要度：★★★

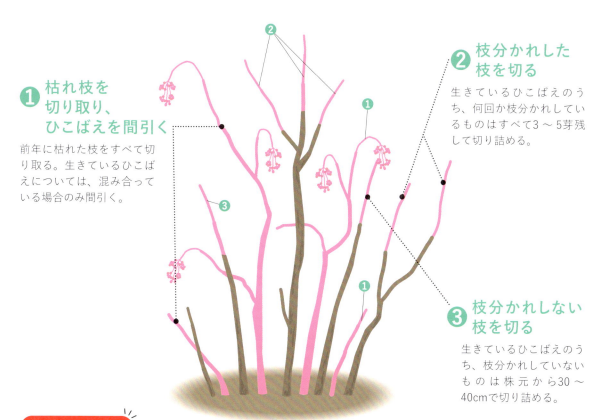

❶ 枯れ枝を切り取り、ひこばえを間引く
前年に枯れた枝をすべて切り取る。生きているひこばえについては、混み合っている場合のみ間引く。

❷ 枝分かれした枝を切る
生きているひこばえのうち、何回か枝分かれしているものはすべて3〜5芽残して切り詰める。

❸ 枝分かれしない枝を切る
生きているひこばえのうち、枝分かれしていないものは株元から30〜40cmで切り詰める。

理解してから切ろう！
果実がなる位置と枝の切り詰め方

- 花芽の種類：混合花芽（ひとつの花芽から枝が伸び、複数の花が咲く）
- 花芽と葉芽の区別：外見でつきにくい
- 花芽がつく位置：枝の全域
- 果実がなりやすい位置：どんな枝でもなりやすい

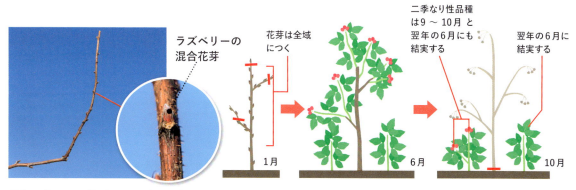

前年に株元から伸びたひこばえが越冬し、そのひこばえについた混合花芽（1月）から新梢が伸びて、先端付近に無数の果実がつきます（6月）。花芽は枝の全域に広く分布しているので、剪定時にすべての枝を切り詰めても収穫できます。夏（6〜8月）に結実した枝の多くは、力を使い果たしたように冬までに株元まで枯れます（10月）。

二季なり性の品種は、6月頃に発生したひこばえのうち、充実した枝の先端に結実するので、夏に加えて秋（9〜10月）にも収穫できます。秋に結実した枝は冬までには枯れず、越冬して8か月後の夏（6月）に再び結実してから枯れます。

❶ 枯れ枝を切り取り、ひこばえを間引く

枯れた枝は株元まで切り取ります。枯れている枝は茶色や灰色をしており、乾燥していて手で簡単に折ることができるので区別できます。生きている枝は混み合っている場合のみ、株元で間引きます。

茶色の枝が枯れた枝で緑色の枝が生きている枝。枯れた枝は株元からハサミで切り取る。

❷ 枝分かれした枝を切る

コンパクトな株に仕立てるために、何回か枝分かれしているひこばえは、すべての枝を3～5芽を残して切り詰めます。

枝分かれしている枝の先端は3～5芽を残して切り詰める。

花芽は枝のつけ根付近にもあるので、切り詰めても結実する。

❸ 枝分かれしない枝を切る

枝分かれしないでまっすぐ伸びた枝は、❷のように3〜5節で切り詰めると太くて長い枝が発生するので、株元から30〜40cmで切り詰めます。

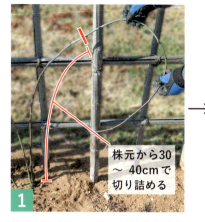

1　枝分かれをしていない枝は株元から30〜40cmで切り詰める。

2　すべての枝を剪定したら、重ならないように配置してひもで固定する。

剪定の前と後

前

後

垣根仕立てのブラックベリーの剪定前後。これだけすっきりさせても夏には枝でいっぱいになる。剪定前に誘引していたひもなどを取りはずし、剪定後に再び誘引することも忘れずに。

病害虫と生理障害

病　灰色かび病

発生：5〜7月

特徴：果実に白いカビが生えて全体が腐る。果実の傷や過熟が原因で発生しやすい。

防除：被害果は取り除く。鉢植えは雨が当たらない場所に置く。庭植えは剪定や誘引などを行って日当たりや風通しをよくする。

虫　アブラムシ類

発生：5〜9月

特徴：いろんな種類のアブラムシ類が若い枝葉を吸汁する。新梢の先端付近にとくに発生しやすい。すす病も併発する。

防除：とくに若い葉の裏側をよく観察し、見つけ次第、捕殺する。

虫　カイガラムシ類

発生：5〜11月

特徴：フジコナカイガラムシなどのカイガラムシ類が枝を吸汁する。すす病を併発することもある。

防除：ブラシなどでこすり落とす。剪定で日当たりや風通しを確保。冬にマシン油乳剤を散布。

リンゴ

| バラ科リンゴ属 |　難易度 ふつう

　寒さに強く、夏から秋の気温が高いと色づきや実つきが悪く、果肉がやわらかくなることがあるため、生産地は関東以北に集中しています。
　受粉樹が必須で、相性のよい品種の苗木を近くに植えます。人工授粉や摘果は必須の作業です。余裕があれば、袋がけや袋はずしを行うことで、外観が美しい果実を収穫することができます。剪定では、短果枝が多くつくような切り方を目指します。

栽培のポイント
- 相性のよい受粉樹を近くに植える
- 中心果を残して摘果する
- 短果枝がつくように枝を横向きに誘引する

基本データ

形態：落葉高木　　受粉樹：必要
仕立て：主幹形仕立て（フリースピンドル仕立てなど）
耐寒気温：－25℃　　とげ：無　　土壌pH：5.5～6.5
施肥量の目安（樹冠直径1m未満）：
元肥(2月) 油かす 150g
追肥(5月) 化成肥料 45g
礼肥(10月) 化成肥料 30g

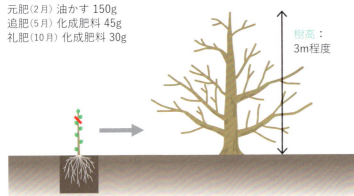

棒苗から結実まで：4～7年程度

COLUMN

わい性台木についだ苗木を購入しよう

　樹高が高くなりやすい果樹ですが、収穫などの作業を考慮するとコンパクトに仕立てることが重要です。苗木を選ぶ際にM9、M26、M27などのわい性（低木性）の台木につぎ木してあるものを選びましょう。苗木専門の業者であれば、台木名が明記されていることが多いです。

わい性台木を利用したリンゴの成木

おもな品種

品種名	果皮色	みつ	収穫期 9月	10月	11月	特徴
秋映（あきばえ）	濃紅	無		●		抜群に色づきがよい品種。果実重300gで果肉は固めで、こくがある。さび果（→P203）が発生しやすい。
シナノゴールド	黄白	無		●		甘味が強く、黄色の品種でパリッとした食感が楽しめるので人気。果実重300g。
ふじ	赤	有			●	だれもが認める代表的な品種。ジューシーで甘味が強く、貯蔵性が高い。果実重300g。
グラニースミス	黄緑	無			●	紅玉に並ぶ調理用の品種。果実重300gで適度な酸味があり、加熱するとすぐにやわらかくなる。

栽培カレンダー

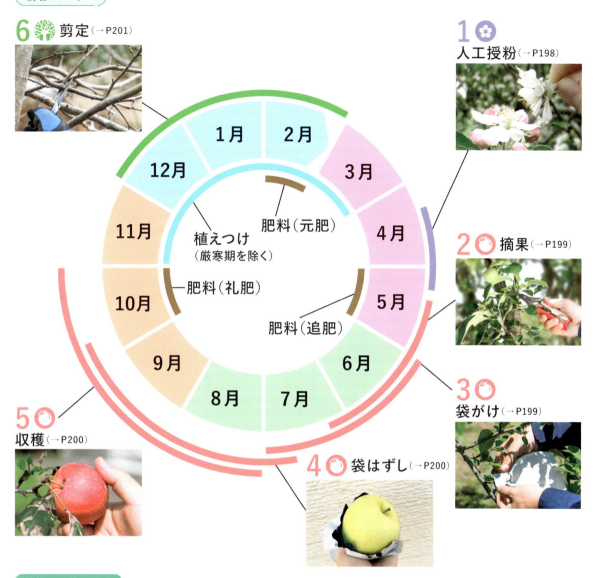

- 6 剪定（→P201）
- 1 人工授粉（→P198）
- 2 摘果（→P199）
- 3 袋がけ（→P199）
- 4 袋はずし（→P200）
- 5 収穫（→P200）

内側：植えつけ（厳寒期を除く）／肥料（元肥）／肥料（追肥）／肥料（礼肥）

鉢植えの管理作業

受粉樹が必要なので、相性のよい異なる品種を別の鉢に植えつけ、近くで育てるとよい。

樹高 1.5m程度

水やり
鉢土の表面が乾いたらたっぷり

肥料〔8号鉢（直径24cm）〕
元肥（2月）→油かす 30g
追肥（5月）→化成肥料 10g
礼肥（10月）→化成肥料 8g

仕立て方
変則主幹形仕立て（写真）、
開心自然形仕立て

棒苗から結実まで 3〜5年程度

置き場
春〜秋：日当たりがよくて、
　　　　雨の当たらない軒下など
冬：屋外（−25〜7℃程度）。
　　日当たりや雨は問わない

用土
市販の「果樹・花木用の土」。なければ
「野菜用の土」：鹿沼土小粒＝7：3。
鉢底には鉢底石を3cm程度敷き詰める

Part 2 | 果樹の育て方 リンゴ　197

作業

1 人工授粉

4月中旬〜5月上旬

重要度：★★★

目的

基本的には受粉樹が必要で、人工授粉することで実つきがよくなる傾向にあります。

左：まだ花粉を出す葯(やく／雄しべの先の黄色の器官)が開いておらず花粉が出ていないので、受粉される側には向いているが、受粉させる側には適していない。
右：葯が開いて花粉が出たばかりなので、受粉される側、受粉させる側ともに適している。

花粉が出たばかりの花を摘み、異なる品種の花の雌しべにこすりつける。とくに開花が早くて品質のよい果実になりやすい中心花(中心に咲く花)には入念に受粉させる。1花で20花程度受粉できる。

中心花

木が大きくて受粉させる花が多い場合は、葯を取り出して花粉を集め、絵筆などで受粉させてもよい。詳しくはナシ(128ページ)参照。

── **Check** ──

品種間の相性に注意

受粉の際には品種間の遺伝的な相性が重要です（右表）。異なる品種であっても、例えば、'アルプス乙女'と'ふじ'の組み合わせは遺伝的な相性が悪いので、人工授粉してもほとんど結実しません。開花期が合い、花粉が多い品種であっても、遺伝的な相性がよくなければ受粉樹に向いていないのです。

雄しべ／雌しべ	アルプス乙女	秋映	シナノスイート	千秋	シナノゴールド	ふじ	グラニースミス
アルプス乙女	×	○	○	○	○	×	○
秋映	○	×	○	○	×	○	○
シナノスイート	○	○	×	×	○	○	○
千秋	○	○	×	×	○	○	○
シナノゴールド	○	×	○	○	×	○	○
ふじ	×	○	○	○	○	×	○
グラニースミス	○	○	○	○	○	○	×

※参考：「果樹園芸大百科 第2巻 リンゴ」（農文協）など

2 摘果

5月中旬～7月上旬

重要度：★★★

目的

甘くて大きな果実を収穫するために摘果します。とくに'ふじ'や'さんさ'などの豊作と不作の年を繰り返す性質（隔年結果性）が強い品種にとっては、重要な作業です。

摘果は予備摘果（5月中旬～6月上旬）と仕上げ摘果（6月下旬～7月上旬）に分けて行います。

正常な果実を残し、傷のある果実などを優先的に間引く。

写真のような葉や果実の集まりを果そうといい、1果そうに1果に間引く（予備摘果）。中心の果実（中心果）は、大きく品質のよい果実になりやすいので優先的に残す。予備摘果は、5月のなるべく早い時期に終わらせたい。

3果そうに1果程度（葉果比50）になるようにさらに間引く。6月末までには終わらせたい。

3 袋がけ

6月～7月

重要度：★★☆

目的

病害虫が多発する場合は、摘果直後の果実に市販の果実袋をかけます。

とくに病害虫やさび果などが多発する場合は必須の作業です。大きな園芸店などには、家庭向けのリンゴ用の果実袋が販売されています。

仕上げ摘果後の果実にかぶせ、付属の針金を果梗（かこう／果実の軸）に巻いて、雨水や害虫が入らないようにしっかりと固定する。

Part 2 ｜ 果樹の育て方　リンゴ

作業

4 袋はずし

7月下旬～10月上旬

重要度：★☆☆

目的

リンゴは色づきが重要視されていますが、果実袋をかけると果実に当たる日光が遮られ、色づきが悪くなります。そのため、収穫の少し前に果実袋をはずして果実に日光を当てることで色づきがよくなります。

内側の袋
外側の袋

Check

内側が黒色に塗られた果実袋を収穫時までかけっぱなしにすると、赤色の品種であってもほとんど着色しません。

はずす適期は、9月下旬までに収穫する'つがる'などの早生品種は9月上旬以前（収穫10日程度前）、10月中に収穫する'陸奥'などの中生品種は9月下旬（収穫15日程度前）、11月以降に収穫する'ふじ'などの晩生品種は10月上旬（収穫30日程度前）が目安。2重になっている果実袋は外側の袋（白色など）をまずはずし、その3～7日後に内側の袋（紺色など）をはずすと果実が日焼けしにくい。

---

5 収穫

8月～11月

重要度：★★★

方法

全体が色づいた果実だけを選んで収穫します。温暖地ではいつまでたっても色づきが悪いことがあるので、味見も判断基準となります。

果実を軽くにぎって上に持ち上げると収穫できる。

↓

果梗（果実の軸）を残すとほかの果実を傷つける恐れがあるので、切り取る（二度切り）。ただし、ナシやモモに比べて果実の表面が硬くて果梗がやわらかいので、あまり神経質にならなくてもよい。

6 剪定 12月～2月 重要度：★★★

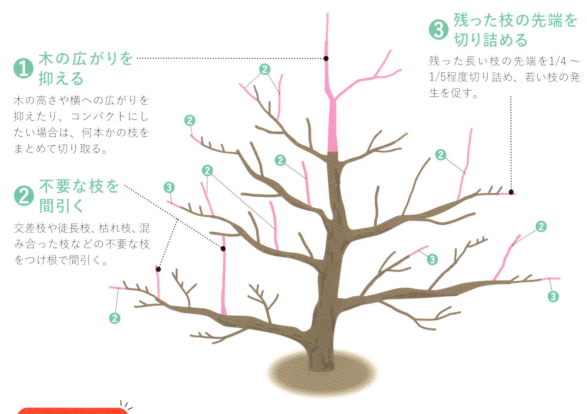

❶ 木の広がりを抑える
木の高さや横への広がりを抑えたり、コンパクトにしたい場合は、何本かの枝をまとめて切り取る。

❷ 不要な枝を間引く
交差枝や徒長枝、枯れ枝、混み合った枝などの不要な枝をつけ根で間引く。

❸ 残った枝の先端を切り詰める
残った長い枝の先端を1/4～1/5程度切り詰め、若い枝の発生を促す。

理解してから切ろう！

果実がなる位置と枝の切り詰め方

- 花芽の種類：混合花芽（ひとつの花芽から複数の花が咲く）
- 花芽と葉芽の区別：外見でつきやすい
- 花芽がつく位置：枝の全域
- 果実がなりやすい位置：横向きに誘引した枝についた短果枝や中果枝

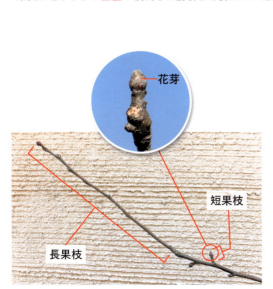

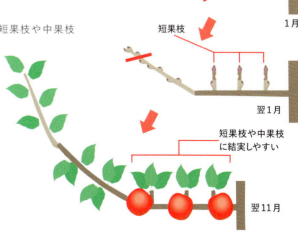

斜め～横向きに伸びた長果枝から枝が少しだけ伸びて短果枝や中果枝がつき、翌年にそれらの枝の先端に果実がつくようになります。ナシは剪定時に長果枝を倒したらすぐに結実することが多いですが、リンゴの場合は1年待って短果枝や中果枝がつくようになってから結実しはじめます。

❶ 木の広がりを抑える

わい性台木につがれた苗木を植えつけた場合は、樹高を低く維持できる傾向にあります。それでも高くなった場合やわい性台木を利用していない場合は、木の先端を何本かまとめて切って、樹高を低くします（変則主幹形仕立てへの修正）。横への広がりも同様に縮小します。枝の分岐部を切り残しがないように切るのがポイントです。

上や横に広がった枝は、切り残しがないように分岐部で剪定する。樹高を低くする場合は、一度に切りすぎないで、幹（前シーズン以前に伸びた枝）の長さが50cm以内になるように切ると、その後の実つきや樹勢に影響が少ない。

---

❷ 不要な枝を間引く

交差枝や徒長枝、枯れ枝、混み合った枝などの不要な枝をつけ根で間引きます。

交差した枝は、混み合うほか、すれて傷になるので、つけ根で切り取る。

Check

長い枝（長果枝）のうち、鉛筆程度の太すぎない枝は、ひもなどを用いて斜め〜横向きに倒すとよいでしょう。うまくいけば短果枝や中果枝が発生して翌年以降に結実します。倒した枝は❸で先端を切り詰めます。

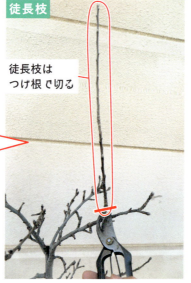

徒長枝は結実しないばかりか、樹形を乱すのでつけ根で切り取る。

枯れ込みが入りやすいので、間引いてできた切り口には癒合促進剤を塗る。

❸ 残った枝の先端を切り詰める

残った長い枝の先端を1/4～1/5程度切り詰め、若い枝の発生を促します。

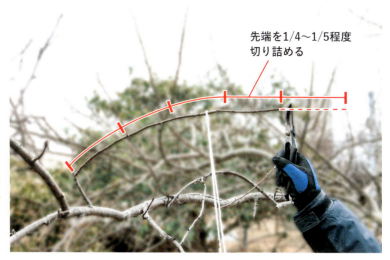

先端を1/4～1/5程度切り詰める

枝の先端を1/4～1/5程度切り詰める。切り詰めすぎると果実がなりやすい短果枝や中果枝ではなく、徒長枝が発生するので注意。写真の枝は、ひもを使って横向きになるように誘引して、先端を切り詰めた。

剪定の前と後

前

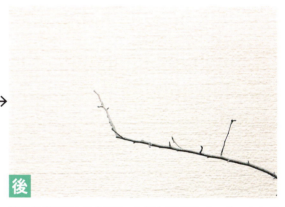
後

徒長枝や不要な枝を切り、先端を切り戻した。枝の向きが斜め～横向きだと果実をつける短果枝が発生しやすい。

病害虫と生理障害

病 炭そ病
発生：6～10月
特徴：果実に黒い斑点が発生し、斑点が拡大してくぼみ、腐って食べられなくなる。
防除：被害果を取り除く。ニセアカシアやクルミにも発生するので近くに植えない。殺菌剤の散布も効果的。

虫 グンバイムシ類
発生：4～10月
特徴：相撲の軍配に似た2mm程度の成虫が、葉を吸汁して葉の緑色が抜ける。ナシグンバイの発生が多い。
防除：少しの震動で飛び回って逃げるので捕殺は難しい。薬剤の散布が効果的。

障 さび果
発生：6～11月
特徴：果実の表面の一部分がザラザラになって着色しない。果梗の付近に集中的に発生することもある。
防除：摘果の際にはなるべく中心果を残す。摘果が終わったら果実に果実袋をかぶせる。

果樹用語集

亜主枝 あしゅし
木の骨格となる主枝から伸びる太い枝。[→P27]

油かす あぶらかす
菜種などから油をしぼった残りかすでつくられる有機質肥料のこと。チッ素分が多く含まれ、物理性の改善にも効果がある。[→P32]

硫黄末 いおうまつ
土壌pHを調整するための資材。硫黄の粉末。土に施すとアルカリ性の土を酸性にする。硫黄華（いおうか）とも。[→P11]

植え穴 うえあな
庭や畑に植えつける際に掘る穴のこと。

内芽 うちめ
内向き（主幹側）についた芽のこと。剪定で枝の先端を切り詰める際に、内芽が先端になると枝が徒長しやすい。[→P29]

大苗 おおなえ
たくさん枝分かれしている3年生以上の苗木のこと。すぐに収穫できる状態のものが多い。[→P10]

晩生品種 おくてひんしゅ・ばんせいひんしゅ
収穫時期が遅い品種。

雄しべ おしべ
花粉を出す器官。多くの場合、花糸という細長い軸の先に葯がついている。[→P22]

雄花 おばな
雄しべがある花で、雌しべがないか、あっても機能しない。

外果皮 がいかひ
果皮の一番外側にある層。[→P22]

開張性 かいちょうせい
枝が広がって伸びる性質。

化学肥料 かがくひりょう
化学的に合成された肥料。

キウイフルーツの雄花。

夏季剪定 かきせんてい
夏に枝を切る作業のことで、摘心や枝の間引きなどの総称。冬に行う剪定と区別する呼び方。[→P26]

核 かく
モモなどでは、中果皮のなかにある硬い内果皮のこと。内果皮のなかには種子（タネ）がある。[→P22]

萼 がく
もっとも外側で、つぼみや花を保護している特殊な葉。何枚かの萼片が集まって形成される。[→P22]

隔年結果性 かくねんけっかせい
豊作の年と不作の年を繰り返す性質のこと。この性質が強い果樹は摘果をして、収穫量を一定にすると発生しにくい。

萼片 がくへん
→萼

花梗（果梗） かこう
先端に花（果実）をつける茎のこと。花柄（果柄）とも。[→P22]

花糸 かし
雄しべの葯をつけている細長い軸のこと。[→P22]

下垂性 かすいせい
枝が垂れ下がる性質。

化成肥料 かせいひりょう
化学肥料のうち、チッ素、リン酸、カリを2種類以上含む肥料のこと。[→P32]

果そう かそう
葉や果実の集まりのこと。

花束状短果枝 かそくじょうたんかし
芽が密についたごく短い枝のこと。サクランボなどではこの枝によい果実がつきやすい。

サクランボの花束状短果枝。

鹿沼土 かぬまつち
代表的な園芸用土のひとつで、水はけや水もちがよい。栃木県鹿沼市などで産出される。[→P14]

株 かぶ
根から枝先までのひとつの植物のこと。

株元 かぶもと
株の地際付近のこと。

花弁 かべん
花びらのこと。虫媒花では大きく目立つことが多い。[→P22]

花房（果房） かぼう
多くの花（果実）が集まって、ひとつの房になっている状態。

カリ（カリウム）
チッ素、リン酸と同じく、植物に必要な三要素のうちのひとつ。不足すると果実や根の肥大が悪くなる。

枯れ込み かれこみ
枝や葉が枯れること。その状態のこと。

寒冷紗 かんれいしゃ
木綿や化学繊維などを網目状に織った布のこと。市販されている。

逆行枝 ぎゃっこうし
内側に向かって伸び、幹と交差する枝。不要となる枝のひとつ。[→P28]

切り口癒合剤 きりくちゆごうざい
→癒合促進剤

切り戻し きりもどし
先端付近の枝を何本かまとめて切り取り、木の広がりを抑えたり、樹高が低かった状態に戻したりする剪定のこと。

鶏糞 けいふん
鶏の糞を乾燥・発酵させてつくられた有機質肥料。

結果枝 けっかし
側枝の一部で果実をつける枝のこと。比較的長い枝の長果枝、短い枝の短果枝、その中間の中果枝などがある。多くの果樹は中果枝、短果枝に果実がつきやすい。[→P27]

結果母枝 けっかぼし
結果枝が発生する枝のこと。[→P27]

結実 けつじつ
果実が実ること。

交差枝 こうさし
枝同士が交差する枝。不要となる枝のひとつ。[→P28]

交配親 こうはいおや
その品種の両親のこと。雄側である花粉親と雌側である種子親がある。

混合花芽 こんごうはなめ
新しい枝が伸びて、その枝に花と葉をつける芽のこと。[→P30]

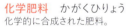

逆さ枝 さかさえだ
下方向に伸びる枝。不要となる枝のひとつ。[→P28]

さし木 さしき
植物をふやす方法のひとつ。切った枝などを土にさし、根づいたら苗木として利用する。

酸度調整剤 さんどちょうせいざい
土壌pHを調整するために施す、石灰などの資材のこと。

キウイフルーツの日焼け。

糸状菌 しじょうきん
一般にカビと呼ばれる、土壌微生物のひとつ。キノコなどもこの仲間。

仕立て したて
剪定や誘引などによって、結実しやすく管理作業がしやすい木の形にすること。[→ P16]

ジベレリン処理 じべれりんしょり
植物ホルモンの一種であるジベレリンを水に溶かして、開花期前後の花や果実に処理すること。タネをなくしたり、結実を安定させるなどの効果がある。果樹ではブドウや柑橘類などで農薬登録されて使用できる。

子房 しぼう
花の一部でのちに種子（タネ）となる部分を含み、果実となる部位。[→ P22]

主幹 しゅかん
株元から伸びる中心の幹。[→ P27]

樹冠 じゅかん
枝や葉が茂っている範囲のこと。[→ P32]

樹高 じゅこう
地面から木の先端までの高さ。[→ P8]

主枝 しゅし
主幹から伸びて、木の骨格となる太い枝。[→ P27]

種子 しゅし
子房のなかにある胚珠が成熟し、タネとなったもの。[→ P22]

樹姿 じゅし
→樹形

樹勢 じゅせい
木が枝を伸ばす勢いのこと。樹勢が強いほど、枝が長く伸びる。

受粉 じゅふん
花粉が雌しべの先端（柱頭）につくこと。多くの果樹では昆虫や風などによって受粉する。

受粉樹 じゅふんじゅ
受粉させるために植える別の品種のこと。自分の花粉では受精しないもの、雄花と雌花が別の木に咲くものなどは、栽培する品種の近くに受粉樹を植えるとよい。[→ P9]

純正花芽 じゅんせいはなめ
新しい枝（のちの果梗）が伸びて、その枝に花（果実）のみをつける芽のこと。[→ P30]

消石灰 しょうせっかい
土壌pHを調整するために利用される石灰の一種。水酸化カルシウム。土に施すと酸性の土をアルカリ性に調整する。

常緑果樹 じょうりょくかじゅ
一年中葉がついた状態の果樹。寒さに弱いものが多い。

人工授粉 じんこうじゅふん
人の手によって花粉を雌しべにつけること。毎年のように実つきが悪い場合などに用いる方法。[→ P23]

新梢 しんしょう
今年新しく伸びた枝のこと。

芯を止める しんをとめる
高さや横への広がりを抑えるために、枝の先端を切り詰めること。

素掘り苗 すぼりなえ
生育が停滞している株を掘り起こし、根を水で洗って土を落として出荷された苗木。[→ P12]

生育サイクル せいいくさいくる
植物が芽吹き、枝を伸ばし、花を咲かせて果実をつけるなど、生育が続く様をサイクルで表したもの。[→ P19]

生育停滞 せいいくていたい
植物の生育が停滞している状態のこと。

生理障害 せいりしょうがい
養分の過不足や日射、気温などが原因となり、植物自身の生育が不良になって発生する異常のこと。

節 せつ
春～秋には葉のつけ根の部位を指し、冬は芽の周辺の部位を指す。節の数と芽の数は基本的には同じ。

石灰 せっかい
土壌pHを調整する消石灰、苦土石灰などの総称。

施肥 せひ
肥料を施すこと。

施肥量 せひりょう
植物に施す肥料の量。

剪定 せんてい
枝を切る作業のこと。[→ P26]

側枝 そくし
主枝や亜主枝から伸びる末端の枝のこと。[→ P27]

外芽 そとめ
外向き（主幹とは反対側）についた芽のこと。剪定で枝の先端を切り詰める際に、外芽が先端になると枝が徒長しにくい。[→ P29]

粗皮削り そひけずり
越冬している害虫を駆除するために、冬に草刈りガマなどで樹皮を削る方法。

 た

耐寒気温 たいかんきおん
果樹が寒さに耐えられる気温。耐寒気温を下回ると枯れることが多い。天気予報や気象庁が公開しているデータを参照し、居住地の冬の最低気温を下回らない果樹を選ぶ。また、鉢植えは冬の置き場を工夫する。[→ P8]

粗皮削りしたカキ。

台木 だいぎ
つぎ木をする際に、つがれる側で末端に根を持つ植物のこと。

立ち枝 たちえだ
まっすぐ上に向かって伸びる枝。[→ P28]

立ち木仕立て たちぎじたて
3年目以降の成木において、棚やフェンス、オベリスクなどの支柱に誘引しないで仕立てる方法。枝が自立する果樹に向いている。本書では主幹形仕立て、変則主幹形仕立て、開心自然形仕立て、株仕立て、一文字仕立てが立ち木仕立てに該当する。

多肥 たひ
肥料を施しすぎること。

短果枝 たんかし
短い枝のこと。果樹では結実しやすい場合が多い。

短梢剪定 たんしょうせんてい
剪定における切り方のひとつで、枝を短く切り詰める方法のこと。一部のブドウ品種においては、枝先を一律に1～2芽で切り詰める。

チッ素 ちっそ
リン酸、カリと同じく、植物に必要な三要素のうちのひとつ。不足すると生育が悪くなり、過剰だと枝が徒長しやすい。

中果枝 ちゅうかし
中程度の長さの枝のこと。

中果皮 ちゅうかひ
内果皮と外果皮の中間の果皮のこと。[→ P22]

柱頭 ちゅうとう
雌しべの先端で花粉を受け取るところ。

205

虫媒花 ちゅうばいか
おもに昆虫によって花粉が運ばれ、受粉が行われる花のこと。[→ P23]

長果枝 ちょうかし
長い枝のこと。

長梢剪定 ちょうしょうせんてい
剪定における切り方のひとつで、枝を長く残して切り詰める方法のこと。ブドウにおいては、枝先を少なくとも 5 芽以上残して切り詰めたほうが、実つきがよくなる品種が多い。

直立性 ちょくりつせい
枝が直立して伸びる性質。

追熟 ついじゅく
収穫した果実を数日間、日陰に置いて成熟させること。キウイフルーツやセイヨウナシ、ポポーなどで必要。[→ P25]

追肥 ついひ・おいごえ
元肥の効果が低くなった時期に追加で施す肥料。通常、効果が速く現れる速効性の肥料を用いる。

つぎ木 つぎき
ふやしたい植物の一部（つぎ木など）を根のついたほかの植物（台木）について苗木をつくる方法。成木につぐ場合もある。

つぎ木苗 つぎきなえ
寒さや乾燥などに強い性質の植物を台木にし、ついだ苗木のこと。

摘果 てきか
大きく甘い果実にしたい場合に、余分な果実を間引く作業。隔年結果性の強い果樹では摘果を行って、収穫量を一定にする。果実がたくさんなる場合は予備摘果と仕上げ摘果の 2 回に分ける。[→ P24]

適期 てきき
作業や収穫時期などに適した時期のこと。

摘心 てきしん
枝が伸びすぎて無駄に養分を消費しないように、枝の先端を切り詰める作業。枝が伸びるための養分が果実や周囲の枝に回る。[→ P20]

摘花 てきばな・てきか
開花した花を間引く作業。養分ロスを抑え、果実の品質が向上し、枝の生育もよくなる。[→ P22]

摘蕾 てきらい
開花前のつぼみを間引く作業。養分ロスを抑えることで、果実の品質が向上し、枝の生育もよくなる。[→ P22]

胴吹き枝 どうぶきえだ
幹から発生する不要となる枝のひとつだが、必要であれば残す。[→ P28]

土壌酸度 どじょうさんど
→土壌 pH。

土壌 pH どじょうぴーえいち
土の酸度を表す値のこと。酸度は 0 〜 14 の範囲で示され、数値が高いほどアルカリ性、低いほど酸性、7 付近で中性を示す。土壌酸度とも。

徒長 とちょう
枝が必要以上に長く伸びること。

徒長枝 とちょうし
長く太く伸びる枝。不要となる枝のひとつ。[→ P28]

な

内果皮 ないかひ
果皮の一番内側にある層。[→ P22]

中生品種 なかてひんしゅ
収穫時期が早生品種と晩生品種の中間の品種。

二季なり にきなり
1 年のうちに 2 回果実をつけること。ラズベリーなどが、二季なり性を持つ。

二重鉢 にじゅうばち
鉢植えの冬越し時に、根を保温するために鉢の外側に一回り大きな鉢をかぶせ、土を入れること。[→ P35]

二度切り にどぎり
収穫後に残った果梗がほかの果実を傷つけないように、果梗を切り詰めること。[→ P25]

リンゴの二度切り。

熱帯果樹 ねったいかじゅ
熱帯や亜熱帯地域など気温の高い地域を原産地とする果樹。

根詰まり ねづまり
鉢のなかで古い根がいっぱいとなり、新しい根を伸ばすことができない状態。根詰まりの状態が続くと生育が悪くなる。

根鉢 ねばち
鉢から株を抜いたときや土から掘り起こしたときに出てくる、根と土がひとかたまりになった部分。

眠り症 ねむりしょう
春になって暖かくなっても、ほとんど開花しない現象。落葉果樹を暖かい室内で冬越しさせると発生しやすい。

捻枝 ねんし
新しく伸びた緑色の枝を手でねじって少し傷をつけ、枝の向きを変える方法。[→ P21]

は

培養土 ばいようど
複数の用土や肥料をブレンドした土。[→ P14]

裸苗 はだかなえ
→素掘り苗

鉢底石 はちぞこいし
水はけをよくするために、鉢の底に入れる水はけのよい軽石などのこと。

鉢土 はちつち
鉢などに利用されている用土のこと。

花ぶるい はなぶるい
ブドウにおいて、開花後の小さな果粒が落下して、果粒が少ない果房になること。天候不順による受粉・受精の失敗や、枝の伸びすぎによる養分不足などが原因となる。

花芽 はなめ・かが
春になると枝が伸びて、花や果実がつく芽のこと。純正花芽と混合花芽がある。[→ P30]

葉水 はみず
葉に水を散布すること。葉の温度を低下させる効果やハダニなどの害虫やほこりを洗い流す効果がある。

葉芽 はめ・ようが
春になると枝が伸びて、葉がつく芽のこと。[→ P30]

ピートモス
水ごけなどが腐植・堆積したものを乾燥させて砕いた用土。酸性が強く、果樹ではおもにブルーベリーに利用する。

ひこばえ
株元付近から発生する枝のこと。株仕立てでは残す。[→ P28]

肥大 ひだい
大きくなること。

病害虫の防除 びょうがいちゅうのぼうじょ
病害虫の対策を立てて予防し、発生したら取り除くこと。[→ P36]

品種 ひんしゅ
同じ果樹のなかでも、外見や食味などがほかと区別できるもの。リンゴの'ふじ'、ニホンナシの'幸水'などが有名。

風媒花 ふうばいか
おもに風によって花粉が運ばれ、受粉が行われる花のこと。[→ P23]

袋がけ ふくろがけ
市販の果実袋などを果実にかぶせ、病害虫や雨、風のこすれなどから守る作業。

冬越し　ふゆごし
冬を越すこと。寒さに弱い常緑果樹や熱帯果樹などでは、寒冷紗を巻く、二重鉢をするなどをして寒さから守るとよい。

腐葉土　ふようど
落ち葉が堆積・腐熟したもの。土壌改良に利用される。

ブランチカラー
幹など太い枝が出ている部分の枝の下部と上部の一部がふくらんだ部分。この部分を残して切ることで、傷口がふさがりやすい。[→ P27]

平行枝　へいこうし
同じ方向に平行に伸びる2本の枝のこと。どちらかひとつを切るとよい。[→ P28]

萌芽　ほうが
生育が停滞している枝についた芽から、新しい枝が発生すること。

棒苗　ぼうなえ
1本の枝がまっすぐに伸びる1〜2年生の苗木。価格が安く、いろいろな仕立て方に対応できる。[→ P10]

ほふく性　ほふくせい
枝がはうように伸びる性質。

マシン油乳剤　ましんゆにゅうざい
機械油に乳化剤を混ぜ合わせた殺虫剤の一種。カイガラムシ類などを駆除する目的で、水で希釈して散布する。

間引き　まびき
生育に応じて混み合った部分の枝や、つきすぎた果実などの数を減らすこと。

水切れ　みずぎれ
土が乾いて水分が足りなくなること。葉がしおれたり、果実が落ちることもある。

水切れして枯れはじめたイチジクの葉。

水はけ　みずはけ
土のなかの排水能力のこと。土の粒子が大きいほど水はけがよくなる。

水もち　みずもち
土が水を保持する能力のこと。土の粒子が小さいほど水もちがよくなる。

芽かき　めかき
新たに発生したばかりの枝をつけ根からかき取る作業のこと。養分ロスを防ぎ、木をコンパクトに維持することにつながる。[→ P20]

雌しべ　めしべ
花粉を受け取る器官。花粉を受け取る柱頭、種子となる部分を内蔵した子房、その両者の間の棒状の花柱からなるものが多い。[→ P22]

元肥　もとごえ
その果樹が1年で使用する肥料分を、成長する前に施す肥料のこと。通常、効果がゆっくりと現れる肥料を用いる。寒肥とも。

葯　やく
雄しべの一部で、花粉をつくる部位。通常は細長い花糸の先端につく。花粉は葯が裂けたり、あながあいたりすることで外に出る。[→ P22]

誘引　ゆういん
枝を支柱やフェンス、棚などにひもで結びつけて固定すること。生育期や剪定の際に行う。[→ P21]

有機質肥料　ゆうきしつひりょう
動植物由来の有機物を材料にしてつくられた肥料のこと。油かすや鶏ふんなどがあり、肥料の効果がゆっくりと現れるものが多い。

有機物　ゆうきぶつ
動植物の遺体や微生物とその分解産物などからつくられる物質。有機物を施すと、水はけや水もちなどの物理性、栄養分を吸収しやすい土にするなどの化学性、微生物や小動物などの多様性（生物性）などが改善される。炭素をおもな成分とする。

癒合促進剤　ゆごうそくしんざい
剪定などで切った枝の切り口をふさぎやすくするために塗る薬剤。切り口を病原菌や害虫などに侵されるリスクを減らす。[→ P27]

葉果比　ようかひ
果実1個を正常に肥大・成熟させるために必要な葉の枚数のこと。果樹やその品種ごとにその値は異なり、摘果時に果実を間引く数を把握するうえで目安となる。[→ P24]

用土　ようど
コンテナ栽培などに用いる土のこと。

ら・わ

落葉果樹　らくようかじゅ
晩秋から冬にかけて、すべての葉を落とす果樹のこと。概して寒さに強い。

リン酸　りんさん
チッ素、カリと同じく、植物に必要な三要素のうちのひとつ。昔は実肥（みごえ）と呼ばれ、果樹には大量に施されたが、吸収率が少ないため、多くてもチッ素と同程度の量を施すのが一般的。

礼肥　れいひ・れいごえ
収穫が完了したあとに、消費した養分を補給する目的で施す肥料。通常、効果が速く現れる速効性の肥料を用いる。お礼肥とも。

裂果　れっか
果実が割れて果肉がむき出しになること。果実に雨が直接当たると発生しやすい。

わい性　わいせい
木の高さが低い性質のこと。リンゴなどの樹高が高くなりやすい果樹では、わい性の台木を利用することが多い。

サクランボの裂果。

早生品種　わせひんしゅ
収穫時期が早い品種。

著者 **三輪 正幸**（みわ まさゆき）

1981 年岐阜県関ケ原町生まれ。千葉大学環境健康フィールド科学センター助教。専門は果樹園芸学、昆虫利用学など。テレビ・ラジオ出演や講演会活動などを通じて、家庭でも果樹を気軽に楽しむ方法を提案している。著書に『剪定もよくわかる おいしい果樹の育て方』（池田書店）、『果樹栽培 実つきがよくなる「コツ」の科学』（講談社）、『かんきつ類—レモン、ミカン、キンカンなど NHK 趣味の園芸 12 か月栽培ナビ (6)』（NHK 出版）などがあり、監修書に『からだにおいしい フルーツ便利帳』（高橋書店）、『小学館の図鑑 NEO 野菜と果物』（小学館）などがある。

本書は既刊『おいしく実る! 果樹の育て方』を再編集し、書名を変更したものです。

本書の内容に関するお問い合わせは、**書名、発行年月日、該当ページを明記**の上、書面、FAX、お問い合わせフォームにて、当社編集部宛にお送りください。**電話によるお問い合わせはお受けしておりません。**また、本書の範囲を超えるご質問等にもお答えできませんので、あらかじめご了承ください。
　FAX：03-3831-0902
　お問い合わせフォーム：https://www.shin-sei.co.jp/np/contact-form3.html

落丁・乱丁のあった場合は、送料当社負担でお取替えいたします。当社営業部宛にお送りください。
本書の複写、複製を希望される場合は、そのつど事前に、出版者著作権管理機構（電話：03-5244-5088、FAX：03-5244-5089、e-mail：info@jcopy.or.jp）の許諾を得てください。
[JCOPY] ＜出版者著作権管理機構 委託出版物＞

庭でも鉢でも育てられる 果樹の育て方

2023 年 11 月 15 日　初版発行

著　　者　　三　輪　正　幸
発 行 者　　富　永　靖　弘
印 刷 所　　株式会社新藤慶昌堂

発行所　東京都台東区　株式　**新星出版社**
　　　　台東 2 丁目 24　会社
　　　　〒110-0016　☎03(3831)0743

© Masayuki Miwa　　　　　　　　　　　Printed in Japan

ISBN978-4-405-08572-5